◆图文并茂◆热门主题◆创意新颖◆

漫游宇宙天体丛书

满天的星座

MANYOU YUZHOU
TIANTI CONGSHU

本书编写组◎编

世界图书出版公司
广州·上海·西安·北京

NEW
精品读物

图书在版编目（CIP）数据

满天的星座 / 《满天的星座》编写组编 . —广州：
广东世界图书出版公司，2010. 10 （2021.11 重印）
ISBN 978 – 7 – 5100 – 2870 – 0

Ⅰ. ①满… Ⅱ. ①满… Ⅲ. ①星座 – 青少年读物
Ⅳ. ①P151 – 49

中国版本图书馆 CIP 数据核字（2010）第 196603 号

书　　名	满天的星座
	MAN TIAN DE XING ZUO
编　　者	《满天的星座》编委会
责任编辑	张梦婕
装帧设计	三棵树设计工作组
责任技编	刘上锦　余坤泽
出版发行	世界图书出版有限公司　世界图书出版广东有限公司
地　　址	广州市海珠区新港西路大江冲 25 号
邮　　编	510300
电　　话	020-84451969　84453623
网　　址	http://www.gdst.com.cn
邮　　箱	wpc_gdst@163.com
经　　销	新华书店
印　　刷	三河市人民印务有限公司
开　　本	787mm×1092mm　1/16
印　　张	13
字　　数	160 千字
版　　次	2010 年 10 月第 1 版　2021 年 11 月第 6 次印刷
国际书号	ISBN　978-7-5100-2870-0
定　　价	38.80 元

序　言

几千年前，当我们的祖先还居住在洞穴中时，他们便总是抬头仰望天空，并为之惊叹：夜空中有数不清的亮点，每当黎明来临之时它们便消失不见，但在下一个夜晚它们又会如期而至，如此循环不息；白天光芒万丈的太阳在晚上被月亮所替代；月亮的形状还在固定的周期内不断改变，所谓月有阴晴圆缺……

随着时间的推移，人类开始尝试对自己所处的宇宙环境进行解释和探究。

无论是在东方还是西方，古代自然哲学家们对宇宙问题的探讨，大多集中在大地和天空的相互关系问题上。随着科学的发展，后来又进入到地球和太阳之间的关系上。

公元 2 世纪，古希腊天文学家托勒密提出了完整的地心说。这一学说认为地球在宇宙的中央安然不动，月亮、太阳和诸行星以及最外层的恒星天都在以不同速度绕着地球旋转。地心说在欧洲流传了 1000 多年。

1543 年，哥白尼提出日心说，认为太阳位于宇宙中心，而地球则是一颗沿圆轨道绕太阳公转的普通行星。不过，在哥白尼的宇宙图像中，恒星只是位于最外层恒星天上的光点。1584 年，意大利天文学家布鲁诺大胆取消了这层恒星天，认为恒星都是遥远的太阳。18 世纪上半叶，布鲁诺的推测得到了越来越多人的赞同。而英国天文学家赫歇尔于 1785 年首先获得了一幅银河系结构图，从而奠定了银河系概念的基础。在此后一个半世纪中，由于后继者的不懈努力，科学的银河系概念最终确立。

18 世纪中叶，德国哲学家、天文学家康德等人曾提出，在整个宇宙中，银河系并不唯一，很可能存在着无数像指银河系那样的天体系统。此后经历了长达 170 年的曲折探索历程，直到 1924 年，才由美国天文学家哈勃确认了河外星系的存在。人们通过对河外星系的研究，不仅发现了星系团、超星系团等更高层次的天体系统，而且已使我们的视野扩展到远达 200 亿光年的宇宙深处。

近半个世纪以来，随着航天事业的发展，射电望远镜、人造卫星、航天飞机、宇宙飞船、深空探测器纷纷诞生，人类与宇宙中天体的距离终于越来越近了，而遨游浩瀚的宇宙似乎也不再是梦想。我们在宇宙中的近邻——金星、火星、木星、水星、土星、天王星、海王星、冥王星都已经留下了人类探测的痕迹；人类甚至登陆月球，一窥这块神秘的土地；而在不久的将来，人类还有望踏上火星，在那里留下印迹。

当然，人类漫游宇宙的步伐不会停止，永远也不会停止，因为对于人类而言，梦想有多远，足迹就能走多远。

这套丛书全面系统地介绍了人类探索、研究宇宙的历程和成就，内容涉及人类对各类宇宙天体的观测和研究，对宇宙时空的认识，以及对太空的开发和利用。每本书又独立成册，围绕一个方面的主题，以图文并茂的形式展现给大家。

希望这套丛书能够增加中学生朋友对宇宙的了解，进一步获知关于我们生存环境的知识，激发他们的兴趣，促使他们加入到科学探索中来，为解密宇宙奉献智慧！

Contents 目录

引 言

千百年来，人类对任何事物的热情，都从未超过对天空的向往。浩瀚的星空，满天的星座，吸引一代又一代人执著地探索。

在晴朗的夜晚，仰首观天，就会发现黑漆漆的夜幕中缀满了璀璨的繁星。它们一闪一闪，带给人们许多憧憬和幻想。

如果晚上你在夜幕下多坐一会儿，就会发现，不断有新的星星从东方升起，而天上已有的星星渐渐被赶下了西天，直到第二天晚上，它们才又跑到天上去。其实，这和太阳的东升西落一样，是地球自转造成的。

不过，如果每天晚上在同一时间仰望星空，你就会发现每天看到的星星都不一样，夏夜头顶的星星到了秋夜，已经走到了西天，到了冬夜，就根本看不见了，直到一年以后的同一天，它们才又回到原来的位置。

假如坐飞机从北京一直向南飞，你会发现，南方渐渐升起了一些新的星星，而北方的星星慢慢不见了。也就是说，地球上不同纬度地区所看到的星空是不一样的。但只要纬度相同，经度不同的地区看到的星空是完全相同的，只不过同一片天空大家看到它的时间不同罢了。东部地区总是先进入黑夜，当地的人们自然就能先看到星空。

早在远古时代，人们为了认星，把星空划分成很多小区域，古巴比伦人把这些区域称为"星座"。后来，古希腊人把他们所能看到的天空，划分成40多个星座，用假想的线条将星座内的主要亮星连起来，将它们想象成动物和人物的形象，并结合神话故事给每个星座都起了名字，如仙女座、金牛座、猎户座等。

我国古人从很早就开始观测星空，对恒星的命名系统大约形成于公元270年，三国时代吴国人陈卓，为我国古星象图的集大成与奠基者。他以甘德、石申与巫咸三家的全天星图为蓝本，将星空分成293官，共有1465颗星，283官含三垣、二十八宿及其他星官。唐代出现的《步天歌》又将全天分成31个大区，即黄赤道带附近的二十八宿，总称"三垣、二十八宿"体系。到了隋代，我国对于星空的区域划分已经基本上固定下来，并且一直沿用到近代。

到了1928年，国际天文学联合会在古希腊星座系统的基础上，正式将全天划分成88个星座。

过去，人们根据星辰的东升西降，来确定一天的分分秒秒；根据太阳在星空背景上的位置来编制历法，确定春夏秋冬一年四季；现代科学家则利用星星进行定位，根据天体的方位来确定人造天体的空间位置，实现了人类追星登月的美梦。

下面，我们就按照四季变化的顺序，来逐步认识灿烂星空中的每一个星座。神秘、陌生的星空，很快就会变成我们熟悉而又亲切的朋友！

第一章　星座简史

星座是天上一群群的恒星组合。实际上同一个星座内的恒星相互间没有实际的关系，不过其在天球上投影的位置相近。

自古以来，人对于恒星的排列和形状很感兴趣，并且很自然地把一些位置相近的星联系起来，组成星座。这个过程是个很随意的过程，在不同的文明中有由不同恒星所组成的不同星座——虽然部分由较显眼的星所组成的星座，在不同文明中大致相同。

第一节　星座的起源和发展

古人们为了认识星星、研究天体，很早便人为地把星空分成若干区域，中国称之为星官，西方唤之为星座。

中国古代把天空分为三垣二十八宿，最早的完整文字记录见诸于《史记·天官书》中。

三垣，指北天极附近的 3 个区域：紫微垣、太微垣、天市垣。垣的划分并不太严格明确，紫微垣大致包括小熊座、天龙座、鹿豹座、仙王座、仙后座、大熊座、牧夫座、猎犬座、御夫座等。太微垣则相当于以下几个星座的区域：狮子座、后发座、室女座、猎犬座、大熊座、小狮座等。天市垣则相对更接近夏秋的银河区域，即包括了蛇夫座、巨蛇座、盾牌座、天鹰座、武仙座、北冕座等。

二十八宿分成 4 大星区，称作四象，以动物命名之：

东方苍龙：角、亢、氐、房、心、尾、箕等七宿。

北方玄武：斗、牛、女、虚、危、室、壁等七宿。

西方白虎：奎、娄、胃、昴、毕、觜、参等七宿。

南方朱雀：井、鬼、柳、星、张、翼、轸等七宿。

二十八宿在我国民间流传甚广，汉代天文学家曾形容为："苍龙连蜷于左、白虎猛踞于右，朱雀奋飞于前，灵龟圈首于后"。实际上这描述了我国中原地区初春季节黄昏不久后的天象。

二十八宿中最大的为井宿，赤经跨度约有33度，而最小的觜宿和鬼宿，仅只2～4度。

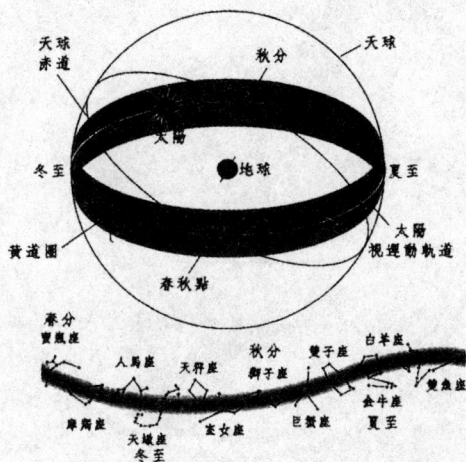

黄道十二宫

西方星座的起源可以追溯到公元前3000年左右的古巴比伦。

约5000年以前美索不达米亚地区有一群牧羊人过着逐草而居的游牧生活。他们在牧羊的流浪生活中，每天仍不忘观察闪烁在夜空中的星星，久而久之，就从星星的动态中看出了很有规则的时刻与季节的变化。每天一到了晚上，他们就一面看着羊群，一面观察各种星星，将较亮的星星互相连接，并从连接而成的形状去联想各种动物、用具或他们所信仰的神像等，并为它们取名，创造了所谓的星座。据说，如现在所谓的黄道12星座等总共有20个以上的星座名称，就是在那时候诞生的。

此后，古代巴比伦人继续将天空分为许多区域，命名新的星座。不过那时星座的用处不多，如黄道带上的12星座开始只是用来计量时间的。至公元前1000年前后，古巴比伦人已提出30个

星座。

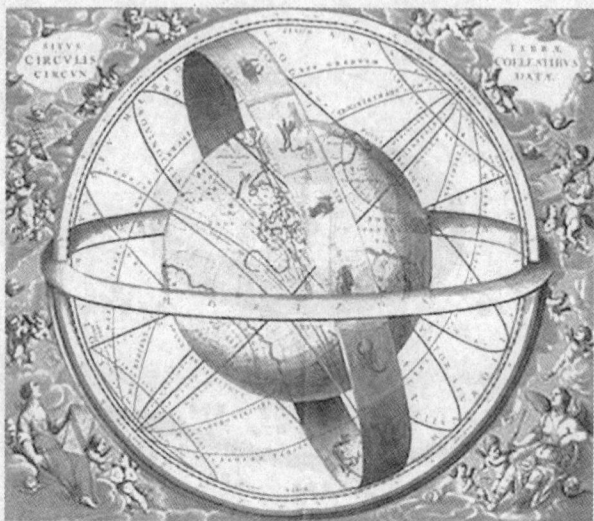

古代星图

自从两河流域（古巴比伦有底格里斯河与幼发拉底河从西北流向东南，注入波斯湾，所以叫"两河流域"地区）文化传到古希腊以后，古希腊天文学家对古巴比伦人发现的星座进行了补充和发展，编制出了古希腊星座表。公元 2 世纪，古希腊天文学家托勒密综合了当时的天文成就，编制了 48 个星座，这就是北天星座的由来。托勒密还用假想的线条将星座内的主要亮星连起来，把它们想象成动物或人物的形象，结合神话故事给它们起出适当的名字。

中世纪以后，欧洲资本主义兴起，需要向外扩张，航海事业得到了很大的发展。船舶在大海上航行，随时需要导航，星星就是最好的指路灯。而在星星中，星座的形状比较特殊，最容易观测，因此，星座受到了普遍关注。16 世纪麦哲伦环球航行时，不仅利用星座导航定向,而且还对星座进行了研究。17世纪,南天区域的星座也基本确定了下来。

为了统一星座的划分,1922年,国际天文学联合会大会决定将天空划分为88个星座,其名称基本沿袭历史上的说法。1928年国际天文学联合会正式公布国际通用的88个星座方案。同时规定以1875年的春分点和赤道为基准。根据88个星座在天球上的不同位置和恒星出没的情况,又划成5大区域,即北天拱极星座(5个)、北天星座(40°~90°,19个)、黄道十二星座(天球上黄道附近的12个星座)、赤道带星座(10个)、南天星座(−30°~−90°,42个)。

全天的88个星座是:

拉丁名	所有格	缩写	汉语名	位置	面积	大小	星数
Andromeda	Andromedae	And	仙女座	北天	722	19	100
Antlia	Antliae	Ant	唧筒座	南天	239	62	20
Apus	Apodis	Aps	天燕座	南天	206	67	20
Aquarius	Aquarii	Aqr	宝瓶座	赤道	980	10	90
Aquila	Aquilae	Aql	天鹰座	赤道	652	22	70
Ara	Arae	Ara	天坛座	南天	237	63	30
Aries	Arietis	Ari	白羊座	赤道	441	39	50
Auriga	Aurigae	Aur	御夫座	北天	657	21	90
Bootes	Bootis	Boo	牧夫座	赤道	907	13	90
Caelum	Caeli	Cae	雕具座	南天	125	81	10
Camelopardalis	Camelopardalis	Cam	鹿豹座	北天	757	18	50
Cancer	Cancri	Cnc	巨蟹座	赤道	506	31	60
CanesVenatici	CanumVenaticorum	CVn	猎犬座	北天	465	38	30

（续表）

拉丁名	所有格	缩写	汉语名	位置	面积	大小	星数
CanisMajor	CanisMajoris	CMa	大犬座	赤道	380	43	80
CanisMinor	CanisMinoris	CMi	小犬座	赤道	183	71	20
Capricornus	Capricorni	Cap	摩羯座	赤道	414	40	50
Carina	Carinae	Car	船底座	南天	494	34	110
Cassiopeia	Cassiopeiae	Cas	仙后座	北天	598	25	90
Centaurus	Centauri	Cen	半人马座	南天	1060	09	150
Cepheus	Cephei	Cep	仙王座	北天	588	27	60
Cetus	Ceti	Cet	鲸鱼座	赤道	1231	04	100
Chamaeleon	Chamaeleonis	Cha	蝘蜓座	南天	132	79	20
Circinus	Circini	Cir	圆规座	南天	93	85	20
Columba	Columbae	Col	天鸽座	南天	270	54	40
ComaBerenices	ComaeBerenices	Com	后发座	赤道	386	42	53
CoronaAustrilis	CoronaeAustrilis	CrA	南冕座	南天	128	80	25
CoronaBorealis	CoronaeBorealis	CrB	北冕座	赤道	179	73	20
Corvus	Corvi	Crv	乌鸦座	赤道	184	70	15
Crater	Crateris	Crt	巨爵座	赤道	282	53	20
Crux	Crucis	Cru	南十字座	南天	68	88	30
Cygnus	Cygni	Cyg	天鹅座	北天	804	16	150
Delphinus	Delphini	Del	海豚座	赤道	189	69	30
Dorado	Doradus	Dor	剑鱼座	南天	179	72	20
Draco	Draconis	Dra	天龙座	北天	1083	08	80
Equuleus	Equulei	Equ	小马座	赤道	72	87	10
Eridanus	Eridani	Eri	波江座	赤道	1138	06	100
Fornax	Fornacis	For	天炉座	赤道	398	41	35
Gemini	Geminorum	Gem	双子座	赤道	514	30	70
Grus	Gruis	Gru	天鹤座	南天	366	45	30

拉丁名	所有格	缩写	汉语名	位置	面积	大小	星数
Hercules	Herculis	Her	武仙座	赤道	1225	05	140
Horologium	Horologii	Hor	时钟座	南天	249	58	20
Hydra	Hydrae	Hya	长蛇座	赤道	1303	01	20
Hydrus	Hudri	Hyi	水蛇座	南天	243	61	20
Indus	Indi	Ind	印地安座	南天	294	49	20
Lacerta	Lacertae	Lac	蝎虎座	北天	201	68	35
Leo	Leonis	Leo	狮子座	赤道	947	12	70
LeoMinor	LeonisMinoris	LMi	小狮座	赤道	232	64	20
Lepus	Leporis	Lep	天兔座	赤道	290	51	40
Libra	Librae	Lib	天秤座	赤道	538	29	50
Lupus	Lupi	Lup	豺狼座	南天	334	46	70
Lynx	Lyncis	Lyn	天猫座	北天	545	28	60
Lyra	Lyrae	Lyr	天琴座	北天	286	52	45
Mensa	Mensae	Men	山案座	南天	153	75	15
Microseopium	Microacopii	Mic	显微镜座	南天	210	66	20
Monoceros	Monocerotis	Mon	麒麟座	南天	483	35	85
Musca	Muscae	Mus	苍蝇座	南天	138	77	30
Norma	Normae	Nor	矩尺座	南天	165	74	20
Octans	Octantis	Oct	南极座	南天	291	50	35
Ophiuchus	Ophiuchi	Oph	蛇夫座	赤道	948	11	100
Orion	Orionis	Ori	猎户座	赤道	594	26	120
Pavo	Pavonis	Pav	孔雀座	南天	378	44	45
Pegasus	Pegasi	Peg	飞马座	赤道	1121	07	100
Perseus	Persei	Per	英仙座	北天	615	24	90
Phoenix	Phoenicis	Phe	凤凰座	南天	469	37	40
Pictor	Pictoris	Pic	绘架座	南天	247	59	30

第一章 星座简史

（续表）

拉丁名	所有格	缩写	汉语名	位置	面积	大小	星数
Pisces	Piscium	Psc	双鱼座	赤道	889	14	75
PiscisAustrinus	PiscisAustrini	PsA	南鱼座	赤道	245	60	25
Puppis	Puppis	Pup	船尾座	赤道	673	20	140
Pyxis	Pyxidis	Pyx	罗盘座	赤道	221	65	25
Reticulum	Reticuli	Ret	网罟座	南天	114	82	15
Sagitta	Sagittae	Sge	天箭座	赤道	80	86	20
Sagittarius	Sagittarii	Sgr	人马座	赤道	867	15	115
Scorpius	Scorpii	Sco	天蝎座	赤道	497	33	100
Sculptor	Sculptoris	Scl	玉夫座	赤道	475	36	30
Scutum	Scuti	Sct	盾牌座	赤道	109	84	20
Serpens	Serpentis	Ser	巨蛇座	赤道	637	23	60
Sextans	Sextantis	Sex	六分仪座	赤道	314	47	25
Taurus	Tauri	Tau	金牛座	赤道	797	17	125
Telescopium	Telescopii	Tel	望远镜座	南天	252	57	30
Triangulum	Trianguli	Tri	三角座	赤道	132	78	15
Triangulum-Australe	TrianguliAustralis	TrA	南三角座	南天	110	83	20
Tucana	Tucanae	Tuc	杜鹃座	南天	295	48	25
UrsaMajor	UrsaeMajoris	UMa	大熊座	北天	1280	03	125
UrsaMinor	UrsaeMinoris	UMi	小熊座	北天	256	56	20
Vela	Velorum	Vel	船帆座	南天	500	32	110
Virgo	Virginis	Vir	室女座	赤道	1294	02	95
Volans	Volantis	Vol	飞鱼座	南天	141	76	20
Vulpecula	Vulpeculae	Vul	狐狸座	赤道	268	55	45

二十八宿与西方星座的对应关系

东方苍龙	北方玄武	西方白虎	南方朱雀
角——室女	斗——人马	奎——仙女、双鱼	井——双子
亢——室女	牛——摩羯	娄——白羊	鬼——巨蟹
氐——天秤	女——宝瓶	胃——白羊	柳——长蛇
房——天蝎	虚——宝瓶、小马	昴——金牛	星——长蛇
心——天蝎	危——飞马、宝瓶	毕——金牛	张——长蛇
尾——天蝎	室——飞马	觜——猎户	翼——巨爵
箕——人马	壁——仙女、飞马	参——猎户	轸——乌鸦

第二节　星座的分类

星座一般是根据其中间点的位置，或由其出处或性质而定下的族来分类。

象限

星座遍布全个天球，分布不均，人们利用积分来找出每个星座的中间点，并计算出该点所在的坐标。根据天球坐标系统，每点的位置包含了赤经及赤纬两个实数，总结出每个星座所在的象限。若中间点的赤纬为正数，即该点位于天球的北半球，以 N 表示；相反赤纬是负数的话，中间点位于南半球，以 S 表示。赤经

分为 24 个小时，星座的中间点于 0 ~ 6 时的话就属于 Q1，6 ~ 12 时属于 Q2，12 ~ 18 时属于 Q3，18 ~ 0 时属于 Q4。

族

星座各有不同出处，天文学家托勒密已归纳出由古希腊神话流传至今的星座，之后更有其他天文学家定义新的星座，那些星座不只有神话中出现的事物，还有其他动物和科学用具。运用此分类法，可以令人更易记忆所有星座。如，

大熊族：包括大熊座及周围属于北半球的星座，大多都是与神话无关的动物，共有 10 个星座。

黄道星座：包括黄道十二宫，共有 12 个星座。

英仙族：包括英仙座以及与英仙珀耳修斯的故事有关的星座，共有 9 个星座。

武仙族：包括武仙座以及与武仙海格力斯的故事有关的星座，共有 19 个星座。

猎户族：包括猎户座以及猎人奥利安的两只狗及猎物，共有 5 个星座。

幻之水族：包含一些与海洋有关的星座，大部分都在南半球，共有 9 个星座。

拜耳族：由天文学家约翰·拜耳命名的星座，大多与动物有关，共有 11 个星座。

拉卡伊族：由天文学家尼可拉·路易·拉卡伊命名的星座，大多都是科学的用具，共有 13 个星座。

第三节　星座的应用

指示季节变化

星星运行有其规律，人们很快发现它们与季节变化的关联，最有名的例子就是天狼星了。

远古的埃及，尼罗河年年定期泛滥，带来肥沃的冲积土与丰收，可说是埃及生命之源，当然预测尼罗河何时泛滥非常重要。观星的人们发现：当日出时，如果天狼星正闪烁在东方地平线，尼罗河便开始泛滥了。这个规律造就了埃及的农业文化，供养了无数的埃及人。

在两河流域的巴比伦也是用星座预测底格里斯河的泛滥，此外，他们还发现了如太阳位于宝瓶、双鱼座时，正是多雨季节；位在白羊座是春分；位在金牛座是耕牛繁殖的时期；而若在双子座，则是农闲时，可以举行婚礼。

在我国，星官的位置十分重要。我国以农立国，了解季节的变化非常重要，观星的官员最重要的工作之一就是预告时历。所以在我国最古老的典籍之一——《尚书》的《尧典》中有云："乃命羲和，钦若昊天，历象日、月、星辰，敬授人时"。"分命羲仲，宅嵎夷，曰旸谷，寅宾出日，平秩东作。日中星鸟，以殷仲春。厥民析，鸟兽孳尾"。"申命羲叔，宅南交，平秩南讹。日

永星火，以正仲夏。厥民因，鸟兽希革"。"分命和仲，宅西，曰昧谷，寅饯纳日，平秩西成。宵中中星虚，以殷仲秋。厥民夷，鸟兽毛"。"申命和叔，宅朔方，曰幽谷，平在朔易。曰短星昴，以正仲冬。厥民懊，鸟兽蠹毛毛"。这便说明了以傍晚在南方出现的"鸟"、"火"、"虚"、"昴"来判断季节。

除此之外，民间还惯用北斗七星斗勺的指向变化来判断季节。西周《鹖冠子》中曰："斗柄东指，天下皆春；斗柄南指，天下皆夏；斗柄西指，天下皆秋；斗柄北指，天下皆冬"。也就是利用黄昏时北斗七星的斗勺指向来定季节，连清末《老残游记》也写道："斗勺又将东指……"来表示一年将尽。

中国古代用来演示天象的浑天仪

民间也流传一些歌谣记录一些星座和时间、季节的关系，例如昴宿："七正，八歪，九偏西，十月七星落鸡啼"。这表示黎明时，昴宿的方位由五月开始，依序由正南转向南偏西30度，转向正西方；十月时，黎明时，昴宿西落。牛郎星："五月晚上六点晌，牛郎恰在正东方；六月晚上近十点，牛郎三星照南窗；七月晚上八点钟，正南方向找牛郎。"明显可以看出牛郎星的方位。不过使用这些歌谣作参考时，应注意时间问题，不可相差太久，否则斗转星移，方位就改变了。

指示方向

如果你曾在夜晚到郊外开阔的地方仰望星辰，你就能感受到宇宙的浩瀚了。"天似穹庐，笼盖四野"，即使用肉眼看来不过数千颗的星星，就已经令人觉得要迷失于星空中了。那么，如何利用点点繁星指示方向呢？

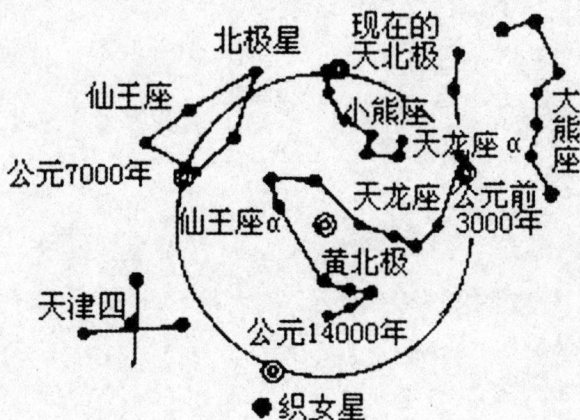

北极星的变迁

当然了，星空是有其坐标系统的，就是天球坐标。但对一般人而言，要使用天球坐标必须先知道当地的纬度，又要算出观测时间的恒星时，再找到东西南北方位，此外，仰角器可不能少。但是你做完了这些功课，大概星星也不用看了（假设你都算对了）。这时候，星座就派上用场了，每一个星座都有它的范围、

界线，知道了星座就等于缩小了天空的范围，再利用星座中明暗不同的星星，坐标的定位就简单多了。

由于地球自转的缘故，星星都以天球北极为中心，东升西降，做圆周运动，这是星体运行的规律，借此可以判断方向，尤其对于在海上漂流的水手十分重要。用星象判断方向，最主要的方法是利用指极星找出天北极的方向，表示北方，现在我们常在春夏之间用北斗七星，秋冬之际用仙后座。

第二章　四季观星

寒来暑往，斗转星移。随着一年四季的变更，四季星空也在发生变化。由于地球在绕太阳运动过程中，地球和太阳的相对位置不断变化，因此，一年中同是在晚上，不同季节看到的星象是不一样的。

一般而言，一个晚上可以见到三季星空，例如在仲夏的黄昏，我们可以看到春季的星座在西方的地平线徘徊，夏季的星座则高挂在中天，天色破晓时，秋季的星空在天顶了。

星空就像一本书，经常展现在您面前，谁懂得阅读它，谁就能从中得到无穷的知识。

第一节　观星指南

在我们认识四季星座之前，必须了解一些和星座有关的天文学名词。它们可以帮助我们更加系统地认识和记忆星座和星空。

1. 星座中星星的命名规则

1603 年，根据德国天文学巴耶（J. Bayer）的建议，恒星命名按星座分区，即在每个星座内根据亮度顺序，以希腊字母表示之。但是希腊字母仅有 24 个，星座中的恒星一般远不止 24 颗，如大熊星座内肉眼可见的恒星有 125 颗之多。为了解决这个矛盾，英国的弗兰斯提德（J. Flamsceed）于 1712 年发表了一个星表，其中的恒星都按星座中的赤经次序编号，因此，目前除星座中 24 颗亮星已有希腊字母表示之外，都以星表中的号数加上星座名命名，如天鹅座 61 星、大熊座 81 星等。显然，这种数字与亮度顺序是无关的。

2. "星等"的概念

"星等"是天文学上对星星明暗程度的一种表示方法，记为 m。天文学上规定，星的明暗一律用星等来表示，星等数越小，说明星越亮，星等数每相差 1，星的亮度大约相差 2.5 倍。我们肉眼能够看到的最暗的星是 6 等星（6m 星）。天空中亮度在 6 等以上（即星等数小于 6），也就是我们可以看到的星有 6000 多颗。当然，每个晚上我们只能看到其中的 1/2，即 3000 多颗。满月时

月亮的亮度相当于 -12.6 等（在天文学上写作 -12.6m）；太阳是我们看到的最亮的天体，它的亮度可达 -26.7m；而当今世界上最大的天文望远镜能看到暗至 24m 的天体。

我们在这里说的"星等"，事实上反映的是从地球上"看到的"天体的明暗程度，在天文学上称为"视星等"。太阳看上去比所有的星星都亮，它的视星等比所有的星星都小得多，这只是沾了它离地球近的光。更有甚者，像月亮，自己根本不发光，只不过反射些太阳光，就俨然成了人们眼中第二亮的天体。天文学上还有个"绝对星等"的概念，这个数值才真正反映了星星们的实际发光本领。

3. "天球"的概念

天文学上为了与人们的直观感觉相适应，把天空假想成一个巨大的球面，这便是天球。天球的中心自然就是我们地球，它的半径无穷大。天球只是人们的一种假设，是一种"理想模型"，引入天球这一概念，只是为了确定天体位置等方面的需要。

4. "天赤道"和"天极"的概念

天文学上，确定天体位置的方法与地球表面非常相似，也是通过经纬坐标系来实现。最常用而且最重要的天球坐标系，就是赤道坐标系。

地球赤道所在平面与天球的交线是一个大圆，这个大圆就称为"天赤道"，它就是赤道在天球上的投影；向南北两个方向无限延长地球自转轴所在的直线，与天球形成两个交点，分别叫作北天极和南天极。"天赤道"和"天极"是天球赤道坐标系的

基准。

5. "黄道"与黄道星座

太阳在天球上的"视运动"分为两种情形，即"周日视运动"和"周年视运动"。"周日视运动"即太阳每天的东升西落现象，这实质上是由于地球自转引起的一种视觉效果；"周年视运动"指的是地球公转所引起的太阳在星座之间"穿行"的现象。

天文学上把太阳在天球上的周年视运动轨迹，称为"黄道"，也就是地球公转轨道面在天球上的投影。太阳在天球上沿着黄道一年转一圈，为了确定位置的方便，人们把黄道划分成了12等份（每份相当于30°），每份用邻近的一个星座命名，这些星座就称为黄道星座或黄道十二宫。这样，相当于把一年划分成了12段，在每段时间里太阳进入一个星座。在西方，一个人出生时太阳正走到哪个星座，就说此人是这个星座的。

由于我们只有白天才能看到太阳，而这时是看不到星星的。所以太阳走到哪个星座，我们就恰好看不见这个星座。也就是说，在我们过生日时，却恰恰看不到自己所属的星座。

6. "赤经"、"赤纬"的概念

在天球的赤道坐标系中，天体的位置根据规定通常用经纬度来表示，称作赤经（α）、赤纬（δ）。我们知道，赤道和地球的公转轨道面也就是黄道是不重合的，二者间有23°左右的夹角（天文学中称之为"黄赤交角"）。这样，天赤道和黄道就有了两个交点，而这两个交点在天球上是固定不变的。黄道自西向东从赤道以南穿到赤道以北的那个交点，在天文学中称之为"春分点"，我们把通过这一点的经线定为天球赤道坐标系经线的0°。与地球经度不同的是，赤经不分东经、西经，它是从0°开始自西向东到360°。而且，它的单位事实上也不是"度"，而是时间的单位时、分、秒，范围是0~24时。天球赤道坐标系的纬度规定与地球纬度类似，只是不称作"南纬"和"北纬"，天球赤纬以北纬为正，南纬为负。

7. "恒显圈"与"恒隐圈"

地球上不同纬度的地区，所能看到的星座是不一样的。对于某一地点，有些星座是永远也看不到的；反过来呢，有些星座在那儿一年四季都看得见。对于一个地方来说，到底哪些星座能看到，哪些星座看不到呢？

这里有一个小窍门，假设一个地点的纬度是δ，那么赤纬小于 −（90°−δ）的天体在这里就永远看不到。反之，凡是赤纬大于（90°−δ）的天体，在这里就总能看到。因此，在天文学上，赤纬（90°−δ）称为这一地区的"恒显圈"，而赤纬 −（90°−δ）叫做该地区的"恒隐圈"。

比如在北京，赤纬50°就是北京地区的"恒显圈"，位于赤纬50°以上的星星老是在天上，永远也不会落到地平线下面去。而赤纬 −50°叫做北京地区的"恒隐圈"，位于赤纬 −50°以南的星星在北京就永远也看不到。

而在赤道上（纬度为0°），即使赤纬是 +90°和 −90°的天体也能看到。也就是说，赤道上没有"恒隐圈"，在赤道上各个位置的天体都看得见。反之，在地球的南北两极，则始终只能看到

半个天空，另一半天空永远看不到，这两处拥有地球上最大的"恒隐圈"。

8. "岁差"的概念

地球就像是一个旋转的陀螺，而陀螺在旋转时，它的轴并不是垂直于地面完全不动的，而是在微微晃动，这种现象在物理学上称为"进动"。地球也是这样，它的自转轴在天空中的方向是不断变化的，并不总是指向某一固定点。

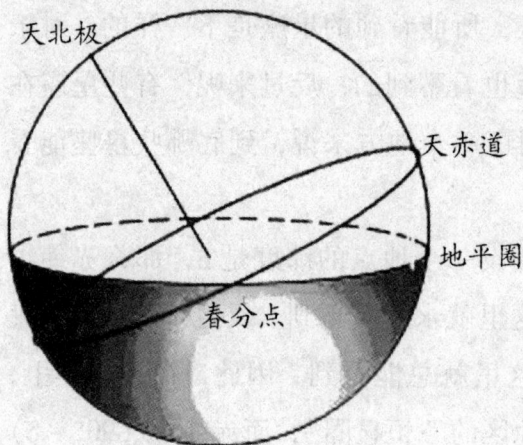

春分点的位置

地轴有 23.5° 的倾斜，因此有了黄道面与赤道面的不同，太阳在黄道上运动。每年太阳会跟赤道面在春、秋交会二次，这就是春分点与秋分点。相对于其他恒星，太阳每次交会到春分点时，位置是不同的。每年春分点平均向西退行 50.2 弧秒（一年相差 20.396 分钟），就是所谓的"岁差"。如此约需时 26000 年绕完一周。

从一开始制定春分点为白羊座到 2000 多年后的今天，春分点已退行将近 30°，现在的春分点坐落在双鱼座，正接近双鱼和宝瓶的交界处。这也就是所谓的宝瓶世纪将到的原因。因岁差的原因造成星座方位的变动，所以世界上的星座图都每隔 25 年或 50

年更改 1 次。但是占星术仍沿用以白羊座作为春分点。

9. 天体的"自行"

人们肉眼可以看到的星有 6000 多颗。这些星可以分为 2 类：一种是行星，也就是太阳系的九大行星。古人观测天空，只看到离我们最近的水星、金星、火星、木星、土星，古人发现这五颗星的位置总在变化，这说明它们在天上不停地走来走去（这种"走动"，按现在的说法就是行星的"公转"），因此称它们为"行"星。而对于另一类星，它们在天上的位置看上去总是固定不变（当然，这必须排除地球自转、公转造成的星星们看上去的"变动"），所以称它们为"恒"星。

恒星都是炽热气体星球。晴朗无月的夜晚，且无光污染的地区，一般人用肉眼大约可以看到 6000 多颗恒星。一般来说，恒星的体积和质量都比较大。只是由于距离地球太遥远的缘故，星光才显得那么微弱。

恒星发光的能力有强有弱。天文学上用"光度"来表示它。所谓"光度"，就是指从恒星表面以光的形式辐射出的功率。恒星表面的温度也有高有低。一般说来，恒星表面的温度越低，它的光越偏红；温度越高，光则越偏蓝。而表面温度越高，表面积越大，光度就越大。从恒星的颜色和光度，科学家能提取出许多有用信息来。

随着科学的发展，人们逐渐认识到宇宙中的运动是绝对的，而"静止"永远是相对现象。大量观测表明，恒星并不是固定不变的，它们也在运动。天文学上称之为恒星的"自行"。其实，

恒星的运动如果与视线平行，我们是看不出来的。所以，自行的真正定义应该是恒星运动垂直于视线的分量。

恒星自行的绝对速度并不慢，往往比行星的运动速度快得多，只不过除太阳外的恒星离我们都太遥远了，它们跑得再快，从地球上看去也跟静止差不多。但经过上万年之后，恒星的位置变化就会较为明显。

10. "双星"、"聚星"和"星团"

不但看上去离得近，实际距离也很近的两颗星，通过万有引力互相吸引，彼此围绕着对方不停地旋转。只有这种关系，才能称作现代天文学意义上的双星。天文学上把双星中比较亮的一颗称为主星，比较暗的那颗称为伴星。

三颗或三颗以上靠引力聚在一起的星，称作"聚星"。如果聚星的成员超过了 10 个，一般就称之为"星团"。

11. "双重星系"、"星系群"和"星系团"

群星璀璨的星系，也和单个的星星类似，常常三五成群地聚在一起。与双星、聚星和星团类似，我们称它们为"双重星系"、"星系群"和"星系团"。对于双重星系，把较大的叫做主星系，较小的称为伴星系。

12. "星云"与"星系"、"河外星系"

在广袤而空旷的宇宙中，除去各种各样的恒星、行星、彗星、小行星等天体之外，并不是一片完全的真空。事实上，宇宙中存在着大量的宇宙尘埃，这些尘埃看似不起眼，却能对我们的生活产生不容忽视的影响。从物质上进行分析，宇宙尘埃其实和组成地球的成分没有什么区别。但出于种种原因，这些尘埃并未能够聚合成一颗星体，而是呈微粒状悬浮于宇宙空间之中。在适当的引力作用下，这些尘埃很有可能较为密集地聚集在一起，呈云雾状，在天文望远镜的镜头中，往往显得绚烂多彩，因此人们将之形象地称之为"星云"。

宇宙尘埃的来源一直是一个难解之谜。一种说法认为，宇宙尘埃来源于温度相对比较低、燃烧过程比较缓慢的普通恒星。这些尘埃通过太阳风被释放出来，然后散布到宇宙空间当中去。然而，根据对太阳风所含物质密度的研究，也有一些科学家认为太阳风并不能够提供足够密度的宇宙尘埃。因此，另一种猜测认为，这些微小的尘粒很有可能来自于超新星的爆发。

根据英国科学家对银河系内最年轻的超新星"仙后座 - α"所进行的观测，发现爆发后的残留物所在的区域内存在着大量的冷尘埃，其重量可能为太阳的 4 倍。这些科学家认为，如果所有的超新星爆发都按照这种规模向外喷发宇宙尘埃的话，则基本可以达到目前宇宙中所拥有的宇宙尘埃的数量。

星座介绍部分涉及的星云类型，主要是"亮星云"和"暗星云"两种。星云本身并不能发光，所以"亮星云"其实是借助别人的力量才"发"光的。假如一片星云附近有一颗恒星，那这个星云就能反射恒星发出的光而现出光亮来，这就像月亮反射太阳光一样，这样的亮星云我们称之为反射星云；还有一类星云，在它们中间有一颗恒星，星云吸收恒星的紫外辐射，再把它转变为

可见光发射出来，这样我们也能看见这个星云，这样的亮星云叫做发射星云。如果在一个星云附近和中央都没有恒星，那这个星云我们就看不到，这样的星云我们就叫它暗星云。

当遥望星空时，横贯天际、蔚为壮观的银河总能让人们欣然神往，思绪万千。仔细观察的话，我们也能看出银河实际上是由许多颗星星所组成的。在天文学中，我们把这种由千百亿颗恒星以及分布在它们之间的星际气体、宇宙尘埃等物质构成的，占据了成千上万亿光年空间距离的天体系统叫做"星系"。

银河并不是宇宙中唯一的星系。通过各种方法，人们已经观察到的星系有好几万个了！不过，由于距离太遥远，它们看起来远不如银河那么壮丽。借助望远镜，它们看起来还只像朦胧的云雾。离咱们银河系最近的星系——大麦哲伦星云和小麦哲伦星云，距离我们银河系也有十几万光年。一般地，我们把除银河以外的星系，统称为"河外星系"。

河外星系，都是与银河系属于同一量级的庞大恒星系统。河外星系一般用肉眼看不见，就是通过一般望远镜去观察，也还是一片雾气，跟星云简直一样。所以以前人们一直把它们也当做星云，称为河外星云。后来经过深入的研究，天文学家才发现二者完全是两码事：河外星云实际上是和我们银河系类似的星系，而上面所说的真正的"星云"，都是我们银河系的内部成员，是由气体和尘埃组成的。因此，现代天文学再也不用"河外星云"这个词了，而一律改称"河外星系"。

13. "变星" 的概念

凡是能够观测到亮度变化的恒星，都称为变星。变星主要分为造父变星和食变星两类。

食变星实际上是双星系统造成的，两颗星彼此绕着对方旋转，其轨道面恰好和它们与地球的连线平行。这样，当比较暗的一颗星转到比较亮的那颗星和我们地球之间的时候，就把亮星的光遮住了一部分，于是总的亮度就减退了。当这颗暗星转到亮星的一旁或后面，不再遮光的时候，系统又恢复了最大观测亮度。这类变星的代表是英仙座的大陵五。

另一类变星的变光现象，确实是由它自己造成的，如仙王座的造父一。天文学家发现，造父一的直径是太阳的 30 倍，约 4000 万千米。它就像人体的心脏一样，总在不停地搏动——膨胀与收缩，直径前后相差达 500 万千米。膨胀时它的亮度就减弱，收缩时亮度就增加，搏动的周期也就是它亮度变化的周期。像造父一这样由于体积的变化导致的变光称为"脉动变星"。有些脉动变星的变光周期与它的亮度有严格的对应关系，利用这一点，天文学家就可以确定它与地球之间的距离，因此这类变星又有"量天尺"之称。

14. "新星" 与超新星

有时候，遥望星空，你可能会惊奇地发现：在某一星区，出现了一颗从来没有见过的明亮星星！然而仅仅过了几个月甚至几天，它又渐渐消失了。

这种"奇特"的星星叫做新星或者超新星。在古代又被称为

"客星"，意思是这是一颗"前来做客"的恒星。

新星和超新星是变星中的一个类别。人们看见它们突然出现，曾经一度以为它们是刚刚诞生的恒星，所以取名叫"新星"。其实，它们不但不是新生的星体，相反，而是正走向衰亡的老年恒星。其实，它们就是正在爆发的红巨星。当一颗恒星步入老年，它的中心会向内收缩，而外壳却朝外膨胀，形成一颗红巨星。红巨星是很不稳定的，总有一天它会猛烈地爆发，抛掉身上的外壳，露出藏在中心的白矮星或中子星来。

在大爆炸中，恒星将抛射掉自己大部分的质量，同时释放出巨大的能量。这样，在短短几天内，它的光度有可能将增加几十万倍，这样的星叫"新星"。如果恒星的爆发再猛烈些，它的光度增加甚至能超过1000万倍，这样的恒星叫做"超新星"。

超新星爆发的激烈程度是让人难以置信的。据说它在几天内倾泻的能量，就像一颗青年恒星在几亿年里所辐射的那样多，以致它看上去就像一整个星系那样明亮！

新星或者超新星的爆发是天体演化的重要环节。它是老年恒星辉煌的葬礼，同时又是新生恒星的推动者。超新星的爆发可能会引发附近星云中无数颗恒星的诞生。另一方面，新星和超新星爆发的灰烬，也是形成别的天体的重要材料。比如说，今天我们地球上的许多物质元素就来自那些早已消失的恒星。

第二节　春季星空

春季星空歌

三月夜半观群星，北斗七星正中天。

斗柄弯弯指大角，室女明星紧相连。

指极相反骑狮背，五帝双角成等边。

狮随小犬踩长蛇，牧夫北冕跟后面。

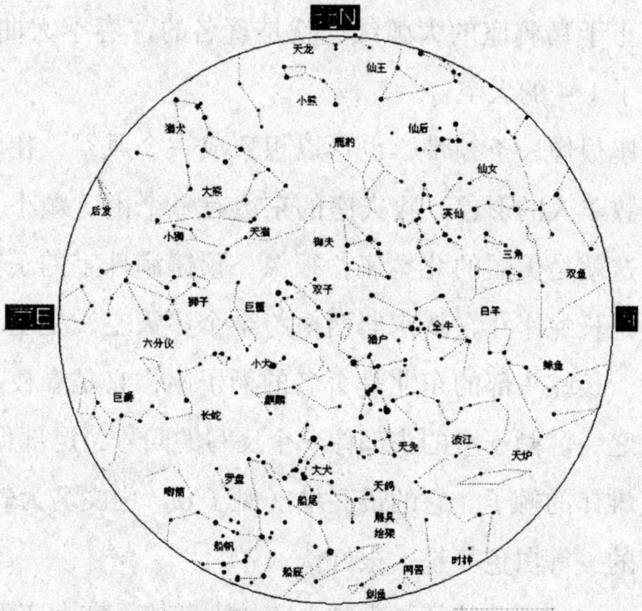

春季星空图

春季的北半球天空中，最显眼的就是当空高悬的北斗七星，

它们属于大熊座，相当于大熊的身体后部和尾巴。将北斗七星勺子头的两颗星星连线向前延伸，能看到一颗星星，不是很亮，但是很有名，这就是北极星。由于北极星正好在地轴指向的附近，所以无论何时，它都永远在正北方，是夜间指路的好帮手。

沿着北斗七星斗柄的几颗星连成的曲线向南延长出去，差不多在勺把长度的两倍处可以找到一颗很亮的星，它是牧夫座的大角星。把北斗斗柄的曲线从大角星再延长1倍，可找到另一颗亮星角宿一，它是黄道十二星座之一的室女座的主星。从角宿一再继续向西南寻去，可找到由4颗小星组成的不规则四边形，这就是乌鸦座。上述这些亮星连起来正好可以形成一条弧线，这条始于斗柄、止于乌鸦座的大弧线，就是著名的"春季大曲线"，它几乎划过了1/4的天空。

牧夫座很像一条领带，也可以想象成一个风筝，在希腊神话中是一个牧羊人的形象。牧夫座的东边有一个由7颗小星围成的半圆形，这就是美丽的北冕座，很像一顶镶满珠宝的王冠。乌鸦座的下面是长蛇座，它从东向西横跨半个多天空，是全天最大的星座之一。长蛇头部的东北是著名的狮子座，它是春夜星空最显眼的星座之一。狮子座的头部像一个反写的问号，尾部像三角形，很像一只雄伟的狮子。它的最亮星（狮子α）中文名为轩辕十四，是黄道上的一等白色亮星，很好认。

春季星空的主要特征是由牧夫座的大角星、室女座的角宿一、狮子座尾巴的五帝座一，在天空中所形成的"春季大三角"。我们辨识春天星空时，在找到大熊座的北斗七星和小熊座的北极星后，紧接着就应该找到这个大三角。春季大三角再加上猎犬座的第一亮星（常陈一）所组成的菱形便成了春季星空中耀眼的"春季大钻石"，在希腊古典神话传说中，认为这是天神宙斯送给他的姐姐得墨忒尔的礼物。

第三节　夏季星空

夏季星空歌

夏夜银河天上流，河中天鹅任遨游。

河西织女弹天琴，河东牛郎驾天鹰。

注意南天蝎子爬，火红明星心宿二。

南斗翻倒天蝎东，回首西北悬北斗。

夏季是看星的好时节，天黑以后仰头望天，夏夜的银河，横贯南北，气势磅礴，最引人注目的则是银河中的几个星座。

银河中有一个特别明显的星座是十字架形状的天鹅座，在希腊神话中被描画成一个展翅飞翔的美丽天鹅，天鹅座中最亮的那颗星（天鹅α）中文名为天津四，取意银河上的渡口之一。天鹅座中有一个名为"天鹅χ-1"的天体，发出强烈的X射线，研究认为它很可能是一颗黑洞。

天鹅的两边各有一个很有名气的星座，西北边的是天琴座，东南边的叫天鹰座。天琴座虽然不大，很多国家却都流传着一些

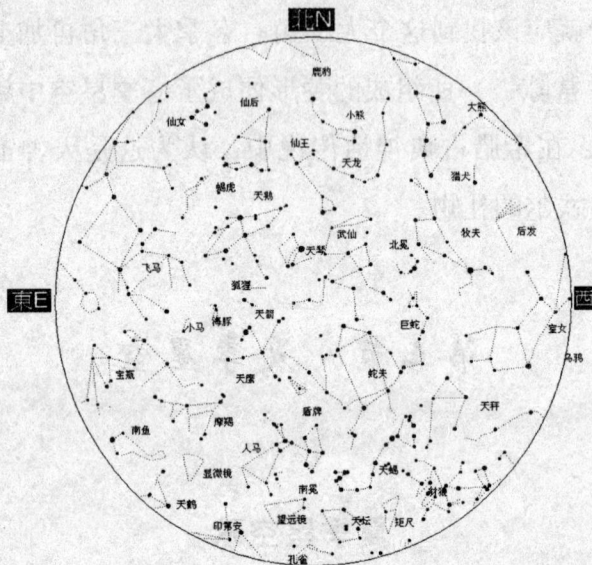

夏季星空图

与它有关的动人传说。在古希腊，人们把它想象为一把七弦宝琴。而在我国，则流传着牛郎和织女的爱情故事。天琴座最亮的星星（天琴α）就是"织女星"，它的旁边由 4 颗暗星组成的小小菱形就是织女织布用的梭子。织女星是一个标准的 0 等星，也是全天第五亮星。她距离我们 26.3 光年，是最早被天文学家准确测定距离的恒星之一。

天鹰座是天神化身而成的飞鹰，它的最亮星（天鹰α）在中国古代被称为"牛郎星"，它的左右各有一颗小星，传说就是牛郎和织女的一双子女。牛郎、织女隔着银河相望。

夏季星空最主要的标志称为"夏季大三角"，是由银河两岸的织女星、牛郎星和银河之中的天津四连起来的一个直角三角形，它是夏季认星最好的指南夏夜的南天特别美丽，不仅仅是因为银河在这里特别亮，还因为夏夜星座之王天蝎座就在这里。天蝎座的十几颗亮星组成了一个巨大的蝎子形状，这个蝎子的身体部位是由 3 颗排成一排、稍有弧线的星星构成，中间最明亮的红色星星叫心宿二，《诗经》中"七月流火"的"火"就是指它。

天蝎座东面，或由牛郎星沿银河南下，可找到人马座，这是希腊神话中一种半人半马的怪兽，以善于射击而著称。人马座东半部分中的 6 颗星组成又一个勺子形状，在中国古代被称为"南斗六星"，与西北天空大熊座的"北斗七星"遥遥相对。天蝎与人马一带的星空，就是白茫茫的银河。

人马座部分的银河最为宽阔和明亮，因为这是银河系中心的方向。人马座里面的星团和星云特别多，其中有一小团云雾样的东西，在望远镜里看上去，它是由 3 块红色的光斑组成的，十分好看，被称为"三叶星云"。

在牧夫座大角星和天琴座织女星的连线上有 2 个星座，一个是靠近牧夫座的北冕座，另一个靠近织女星的是武仙座。连接天津四和织女星并延长到一倍远的地方也可以找到武仙座。武仙座是半人半仙的希腊大英雄赫剌克勒斯手执大棒的形象。武仙座中有一个著名的球状星团 M13，是北天星空中最亮的球状星团，在晴朗无月的夜晚，我们用肉眼就可以看到它。

武仙座和天蝎座之间是略呈巨大五边形的蛇夫座，蛇夫的双手紧握一条大蟒蛇，就是蜿蜒的巨蛇座。

第四节　秋季星空

秋季星空歌

九月中旬夜转凉，飞马临空一阵方。

东北一线是仙女，南边向西遇牛郎。

左右双边直北极，仙后更比仙王亮。

南边鱼多明星少，北落师门独辉煌。

秋季星空图

秋夜的星空晴朗透明，也是看星的好季节。秋天的夜晚来临时，巡视秋季星空，在头顶偏东方向可见巨大的"秋季四边形"，

它由飞马座的 3 颗亮星和仙女座的 1 颗亮星构成，十分醒目。将四边形的东侧边线向北方天空延伸，经由仙后座，可找到北极星，沿此基线向南延伸，可找到鲸鱼座的一颗亮星。将四边形的西侧边线向南方天空延伸，在南方低空可找到秋季星空的著名亮星——北落师门（南鱼 α），它是一颗属于南鱼座的孤独的红色星。和飞马座大四方形东北边相连的是一条长线状的仙女座，仙女座北面是 W 形的仙后座，仙后座西面是仙王座，东面是英仙座。

　　秋季，北斗七星落到了地平线附近，难以靠它寻找北极星了。但在这个季节，M 形的仙后座升到了头顶附近，利用仙后座也可以寻找到北极星。

　　"飞马当空，银河斜挂"是秋季星空的象征。飞马座是秋季星空中十分重要的星座，是一个展翅的骏马形象。它的 3 颗主星和仙女座头上的壁宿二星构成了一个近似的正方形"秋季四边形"，也称为"飞马 - 仙女大方框"，这 4 颗星中只有一颗星为 3 等星，其他都是 2 等星，因而十分醒目。更重要的是，每当秋季飞马座升到天顶的时候，这个大四边形的四条边恰好各代表了一个方向，简直就是一台天然的方向定位仪。

　　紧挨飞马座的就是迷人的仙女座，在神话传说中它是一个美丽少女的形象。仙女座中有一个著名的仙女大星云。晴朗无月的夜晚，在仙女的腰部，肉眼即能隐约看到一块青白色云雾状的光斑，这就是仙女大星云，是北半球唯一能用肉眼看到的星系，也是我们银河系的近邻大星系。这个星系早在 1612 年就被天文学家

发现了，但那时被误认为只是银河系内的一个星云。直到 20 世纪 20 年代，美国天文学家哈勃才彻底搞清，它和银河系中的星云完全是两码事，是远在 220 万光年外的一个大星系，所以它的正确名称应该是仙女大星系。它的直径为 17 万光年，包含了 3000 多亿颗恒星。它和我们银河系很相似，也是漩涡状的，其中也含有很多的变星、星团、星云等。

　　紧挨飞马座和仙女座下方的是双鱼座，它被描画成两条用长链绑在一起的鱼，双鱼的下方从东向西排列着鲸鱼座、宝瓶座和摩羯座，宝瓶座的下方是南鱼座，这些星座都是由比较暗的星组成，所以只有在受灯光影响较小的地方才能辨认出来。南鱼座比较靠近地平线，难以辨认，只有它的主星"北落师门"（南鱼α）在南方地区勉强可见。

第五节　　冬季星空

冬季星空歌

冬夜亮星撒一片，猎户悠悠过中天。

天狼巨弧连六星，参宿四坐正中间。

腰带两头指牛犬，天兔金黄藏南边。

小犬在东御夫北，双子五车访英仙。

　　冬季入夜后，就可看到猎户座有 3 颗排列整齐的亮星，这是

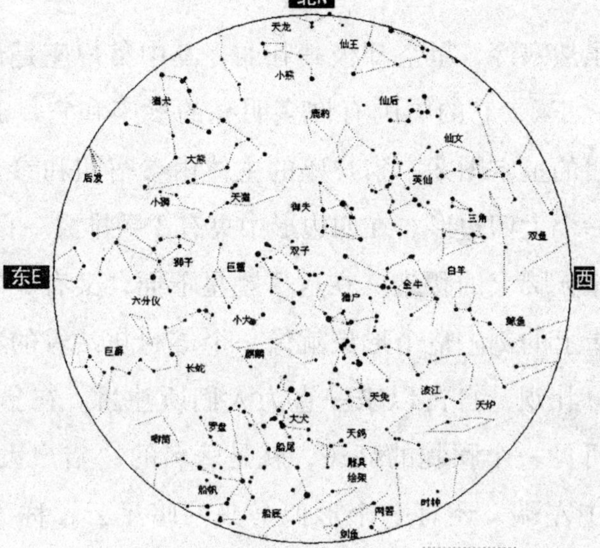

冬季星空图

猎户的腰带，民间说"三星高照春来到"就是指它们。三星连线向东南方延长，会遇到除太阳以外全天最亮的恒星——天狼星，它和下边的几个星星组成了大犬座，它是猎人忠实的猎犬之一。

从猎户三星向西北方延长就是金牛座的红色亮星毕宿五，金牛座在猎户座的西边，内有著名的昴星团。

猎户座的东边是很不起眼的麒麟座，再向东是小犬座，小犬座中有颗很亮的黄色星——南河三。小犬座再往东是长蛇座的蛇头。

猎户座的东北是双子座，双子座向东是巨蟹座，再往东是狮子座。猎户座的正南方是天兔座，再往南的船底座靠近南方地平线，难以辨识，其中虽有全天第二亮星——老人星，但也只有我国南方地区才能勉强看到。金牛座的北边偏东，是五边形的御

第二章 四季观星

夫座。

　　冬季虽然寒冷，星空却极其壮丽，其中猎户座是最具代表性的"冬夜之王"，它的周围有许多明亮的星座和它一起组成了一幅光彩夺目的星空图案。猎户座的主体由参宿四和参宿七等 4 颗亮星组成一个大四边形。在四边形中央有 3 颗排成一直线的亮星，就像系在猎人腰上的腰带。在这 3 颗星下面，又有 3 颗小星，像是挂在腰带上的剑。整个形象就像一个雄赳赳站着的猎人，昂首挺胸，十分壮观，自古以来一直为人们所注目。在猎人佩剑处，肉眼隐约可见一个朦胧的亮斑，就是著名的"猎户大星云"。在猎人腰带中左端，还有一个形似马头的暗星云，称为"马头星云"。猎户座中还有许多各式各样的气体星云，可以说整个星座都荡漾在气体星云之中。

　　猎户座东北角上的参宿四、小犬座内的南河三与大犬座的天狼星共同组成一个等边三角形，这就是冬天星空中很重要的"冬季大三角"，在冬季的夜晚十分醒目。找到猎户座西南脚上的参宿七，并连向金牛座的毕宿五和御夫座的五车二，再转向双子座的北河三，接着连至小犬座的南河三和大犬座的天狼星，最后再回到猎户座的参宿七，6 颗一等星便围成了壮观的"冬季大椭圆"。

第三章　北天星座

由于我们生活在北半球，所以在全天88个星座中，我们只能够看到其中一部分。其他的一些星座是永远不会升上地平线的，要看这些星座必须去到赤道以南的地方。

北天球的星座的设立，主要是后人在古巴比伦和古希腊人确定的星座基础上，又增加了一部分星座而确定的。公元138年，托勒密在已有的星座基础上，整理了当时常用的星座名称，除了黄道十二宫外，还记录了其他如仙王座、仙女座等39个星座，共计有51个星座。公元7世纪，普洛克拉斯又增加了一个后发座，使星座增加为52个。这些星座大多位于天球北半部及接近赤道的南天，大致上是在地中海地区容易观察到的星座。

第一节　1~3月的星空

＊猎户座（Orion）

缩写：Ori

象征物：猎人奥瑞恩

赤经：5h

赤纬：+5°

面积：594平方度

位次：第26位

亮星数目：（星等<3）6

最亮星：猎户座β星（参宿七）（视星等0.12）

邻接星座：双子座、金牛座、波江座、天兔座、麒麟座

最佳观测月份：1月（纬度变化位于+85°和-75°之间可全见）

　　猎户座可以说是全天最壮丽的星座，是为了纪念海神波塞冬的儿子奥瑞恩。它位于双子座、麒麟座、大犬座、金牛座、天兔座、波江座与小犬座之间，其北部沉浸在银河之中，是赤道带星座之一。在全球的大部分地区都可以观察到猎户座。猎户座的代表是猎人，在猎人的脚边还有两只狗（大犬座及小犬座）。当地球自转时，猎户座追逐着昴宿星团横越天际。

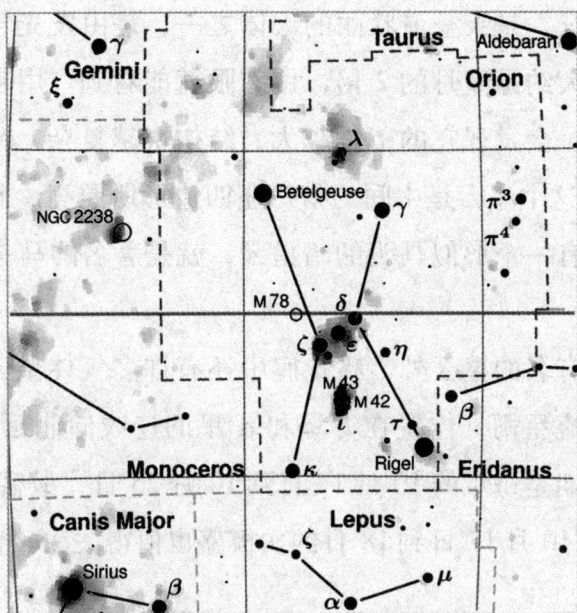

猎户座

猎户座在中国古代叫参宿，星座主体由参宿四、五、六、七（猎户座 α、γ、β 和 κ）4 颗亮星组成一个大四边形。在四边形中央有 3 颗排成一直线的亮星（参宿一、二、三，即猎户座 δ、ε、ζ），传说为猎人腰上的腰带，另外在这 3 颗星下面，又有 3 颗小星，它们是挂在腰带上的剑。

猎户座中最亮的是 α 星，它是全天第六亮星；猎户座 β 星在全天的亮星中排在第八位。每年 1 月底 2 月初晚上 8 点多的时候，猎户座内连成一线的 δ、ε、ζ 三颗星正高挂在南天，所以有句民谚说"三星高照，新年来到"。

猎户座亮星不少，但最著名的特征是猎户配剑上的巨大星云 M42，位置在三颗星所排成猎户腰带的南边。M42 是十分著名的

猎户座大星云，是天空最壮丽的天体之一，是由发光气体构成的星云，直径大约是满月的 2 倍，用肉眼就能看到。用越大口径的望远镜观察，会发现它的范围越大，结构也越复杂，距离地球约1500 光年。这个星云是中间的猎户座四边形所照亮。而在猎人腰带中左端，有一个形似马头的暗星云，就是著名的马头星云（肉眼不可见）。

除这些有名的星云外，猎户座中还有许多气体星云。猎户座里面也有个流星雨，位置在 ζ 星和 α 星的连线向北延长一倍处。它的出现日期是每年的 10 月 17 日到 10 月 25 日，最盛期是 10 月21 日，此外 10 月 17 日到 18 日的次极盛也值得关注。它是由哈雷彗星引起的。

猎户座大星云

*金牛座（Taurus）

缩写：Tau

象征物：公牛

赤经：4h

赤纬：+15°

面积：797 平方度

位次：第 17 位

亮星数目：（星等 <3）3

最亮星：金牛座α星（毕宿五）（视星等 0.85）

邻接星座：御夫座、英仙座、白羊座、鲸鱼座、波江座、猎户座、双子座

最佳观测月份：1 月（纬度变化位于 +90°和 -69°之间可全见）

金牛座是北半球冬季夜空上最大、最显著的星座之一。它西接白羊座、东连双子座；北面是英仙柏修斯及御夫座、西南面有猎户奥瑞恩、东南面则有波江座及鲸鱼座。

在希腊神话中，关于金牛座有这样一个传说：

一个春天的清晨，宙斯在观察地球时，忽然发现一群绝色少女在海边的草地上跳舞嬉戏；其中有一位腓尼基国王西顿的公主，名叫欧罗巴的女孩最为出色，宙斯深深地被她所吸引。

这时淘气的丘比特将爱神的箭射进了宙斯的心中，使他立刻疯狂的爱上了欧罗巴，于是宙斯化身成为一头既漂亮又温驯的公

金牛座

牛来接近她。这头公牛额头上有道银圈，双角是新月的形状，身上带着香气，口中吐出美妙的声音，欧罗巴好奇地抚摸并骑上了这头巨大的公牛。

但是这头公牛竟然狂跳起来，载着欧罗巴全力奔驰，当他们经过海洋时，众海神们也现身为他们开道；此时，惊恐的欧罗巴才了解到这头公牛的身份而恳求原谅。

宙斯立刻向欧罗巴倾诉他的爱意，并将欧罗巴带到自己的出生地——克里特岛。又邀请了四季之神为欧罗巴妆扮，为他们举行了盛大的婚礼。

后来，宙斯为纪念这件事，便在天上设立金牛座。

金牛座 α 星位于猎户座西北方不远的天区，是这个星座中的最亮星，我国古代称它为毕宿五，是一颗非常亮的0.86m星（在全天亮星中排第十三位）。

金牛座也是著名的黄道十二星座之一，而毕宿五就位于黄道附近，它和同样处在黄道附近的狮子座的轩辕十四、天蝎座的心宿二、南鱼座的北落师门等4颗亮星，在天球上各相差大约90°，正好每个季节1颗，它们被合称为黄道带的"四大天王"。

金牛座中最有名的天体，就是"两星团加一星云"。连接猎户座γ星和毕宿五，向西北方延长1倍左右的距离，有一个著名的疏散星团——昴星团。眼力好的人，可以看到这个星团中的7颗亮星，所以

金牛座昴星团

我国古代又称它为"七簇星"。昴星团是最著名的疏散星团之一。其梅西耶星表编号为M45，它是离地球最近也是最亮的几个疏散星团之一。昴星团总共含有超过3000颗的恒星，它的横宽大约13光年，距离128秒差距（417光年），其直径约4秒差距。

另一个疏散星团叫毕宿星团，它是一个移动星团，位于毕宿五附近，但毕宿五并不是它的成员。毕宿星团距离我们143光年，它包含了组成金牛头部的V形的星，是最接近太阳系的星团。毕宿星团用肉眼可以看到五六颗星，实际上它的成员大约有300颗。

金牛座中还有一个著名的大星云，天文学家据其形状把它命名为蟹状星云。20世纪的天文学家根据其不断膨胀的速度推断，该星云应该是大约1000年前发生的一次超新星爆发的产物。幸运的是，中国的古书中恰好对此事件有着明确的记载，称其为"天关客星"，时间为1054年，现在已确认这就是产生蟹状星云的超新星爆发事件。

*御夫座（Auriga）

缩写：Aur

象征物：战车御者

赤经：6h

赤纬：+40°

面积：657平方度

位次：第21位

亮星数目：（星等<3）4

最亮星：御夫座α星（五车二）（视星等0.08）

邻接星座：鹿豹座、英仙座、金牛座、双子座、天猫座

最佳观测月份：2月（纬度变化位于+90°和−40°之间可全见）

在初冬夜晚，当猎户座四边形升到头顶上方时，在东北方天空中可看到由5颗亮星组成的一个明亮而美丽的巨大五边形，这就是御夫座。御夫座位于英仙座、金牛座、双子座等星座之间，有一半浸在银河中。座内目视星等亮于6等的星有102颗，其中

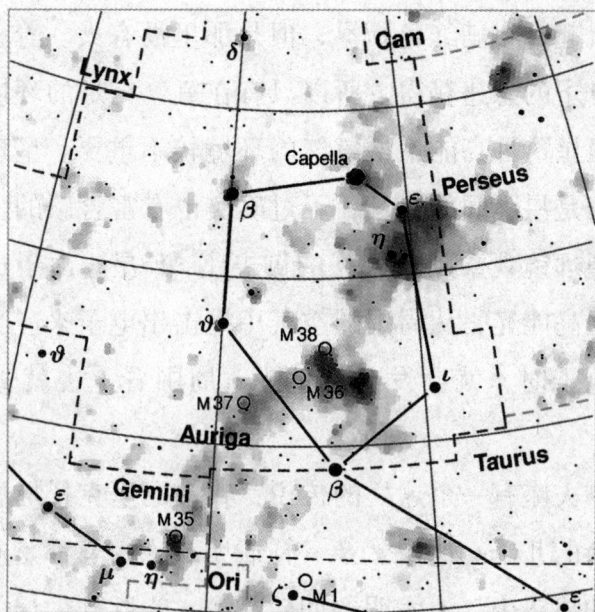

御夫座

亮于 4 等的星有 10 颗。

御夫座五边形最南的一颗亮星（御夫座 γ），是属于邻近的金牛座的。主星 α 星在我国古代称为"五车二"，它的视星等为 0.08 等，是全天第七亮星，也是离北极星最近的 0 等星，呈黄色。银河通过御夫座，但是与人马座相反，这里正好是银河系边缘方向，因此星雾比较淡薄。

御夫座的亮星形成一个五边形，御夫座 ε 星为座内最有趣的星，ε 星是一个周期为 27 年的食双星系统，为现知的食双星系统中最长者。

在御夫座还有一个燃烧的星云——IC405。御夫座 AE 星被命名为燃烧的星球，于是，IC405 星云被命名为燃烧的星云。虽然

这个区域看起来布满红色烟雾，但是那里没有火。着火的典型定义是对氧分子的急速获得，所以只有在氧气充足的环境下才会着火，而在恒星这种高能量低氧气的环境较不重要。呈现像烟尘的物质大部分是星际间的氢气，不过确实也有富含碳的尘埃微粒在内。通过望远镜观察到的明亮的御夫座 AE 星，由于过热而显蓝色，发射出高能光，从周围的空气中撞击出电子来。当一个质子夺取一个电子时，就会发出红色光，周围看上去就像发散星云似的。

关于御夫座有一个这样的传说：牧人厄里克托尼奥斯是火神赫菲斯托斯的儿子。他像父亲一样聪明过人，又都是瘸子。在与妖魔巨人的战斗中，他发明的四轮战车，为胜利做出了贡献。天神宙斯为了嘉奖他，将他升到天界，成为御夫座。同时将曾经用乳汁喂养幼年的宙斯的母山羊阿玛尔忒亚和它的两只小羊羔，亦提升到天上，托付给厄里克托尼奥斯保护。亮星五车二就是那只母山羊，而旁边的 2 颗小星，就是母山羊的两只小羊羔。

御夫座的流星雨主要有：御夫座 α 流星雨和御夫座 δ 流星雨。御夫座流星雨的母彗星的绕日公转周期大约是 2500 年。它的轨道上也分布了不少密集的物质团块，当地球经过这些物质团块时，就会形成御夫座流星雨。最近出现的两次流星雨主要是 1911 年和 2007 年 9 月的两次。

*双子座（Gemini）

缩写：Gem

象征物：双胞胎

赤经：7h

赤纬：+20x°

面积：514 平方度

位次：第 30 位

亮星数目：（星等 <3） 4

最亮星：双子座 β 星（北河三）（视星等 1.1）

邻接星座：巨蟹座、天猫座、御夫座、金牛座、猎户座、麒麟座、小犬座

最佳观测月份：2 月（纬度变化位于 +90° 和 −60° 之间可全见）

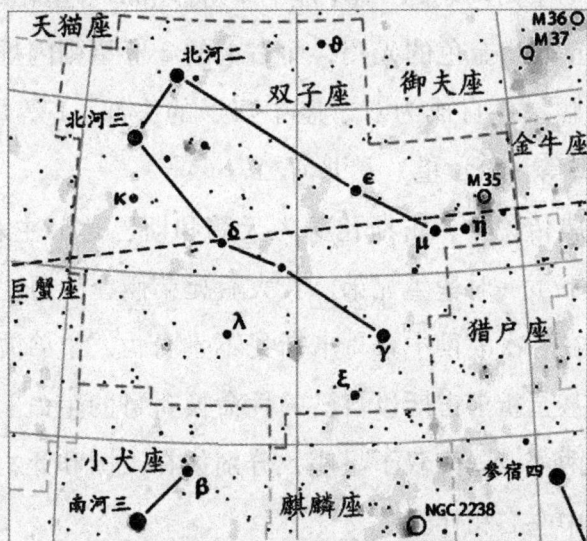

双子座

　　向东北方向延长猎户座 β 星和 α 星的连线，可以碰到两颗相距不远的亮星，其中亮一些的是双子座 β 星，亮度为 1.14 等。稍微暗点儿的是双子座 α 星，亮度为 1.97 等。从 α 星开始的 τ、ε、μ 一串星和从 β 星开始的 δ、ζ、γ 另一串星几乎平行，这就是著名的双子座。

　　双子座被想象成友爱的两兄弟。弟弟——β 星，在中国古代被称为北河三，它反而比哥哥——α 星还亮一些，是全天第十七亮星。哥哥——也就是 α 星，在中国古代被叫成北河二，是天文学史上第一颗被确认的双星。其实精确地说，α 星是由 6 颗星组成的"六合星"。有趣的是，弟弟北河三也是"六合星"，他们完全是一对双胞胎兄弟。

　　双子座是黄道十二宫的第三个星座。肉眼可见的星星大致有 106 颗。从银河东岸观察，双子座的 1 等星和 2 等星相隔约 5°角。左下的 1 等星发出金色的光芒，而右上的 2 等星则闪烁着银色的光辉。这两颗星各自成为双子座中双子的头部。1 等星（β 星）是北河三，2 等星（α 星）是北河二。

　　在古希腊传说中，宙斯化身为天鹅和斯巴达公主莉达幽会，后来公主生下了一对孪生兄弟。长大后兄弟俩在战争中立下了不少功劳。但在一次战役中哥哥卡斯托不幸身亡，弟弟波拉克斯非常伤心，他甚至祈求宙斯以自己的性命换哥哥的生命。宙斯很感动，于是将两人设立为双子星座，分别住在天国和死亡之国，让他们在天空中左右相伴。

　　双子座的西边是金牛座，东边是比较暗淡的巨蟹座。御夫座和非常不明显的天猫座位于它的北边，麒麟座和小犬座位于它的南边。

双子座有两颗非常亮的星——北河三和北河二。其他的星都比较暗，只有 γ 是在城市灯光下也能被看到的。但在远离灯光污染的地方，可以看到稀薄的银河从双子座西部经过。

双子座有一个流星群，被称为双子座流星雨。它的辐射点就在 α 星附近，在每年 12 月 11 日前后出现，到 13 日是流星最盛的时候。

* 小犬座 （CanisMinor）

缩写：CMi

象征物：小狗

赤经：8h

赤纬：+5°

面积：183 平方度

位次：第 71 位

亮星数目（星等＜3）：2

最亮星：小犬座 α 星（南河三）（视星等 0.38）

邻接星座：麒麟座、双子座、巨蟹座、长蛇座

最佳观测月份：3 月（纬度变化位于 +85°和 -75°之间可全见）

小犬座位于猎户座东面，双子座与麒麟座之间的银河边上。据说小犬座象征着猎户座的猎犬之一，另一条猎犬是大犬座。传

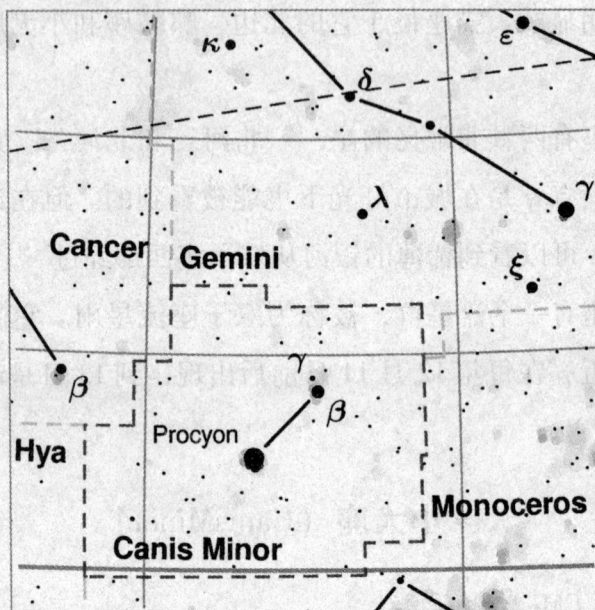

小犬座

说自从义犬西里斯升为大犬座后，天神宙斯为了不使西里斯在天上感到寂寞，便找了一只小狗来与它做伴，这就是小犬座。如今这两只猎犬总是跟在猎户奥瑞恩的后面，帮助猎户狩猎。

小犬座是一个小星座，有两颗重要的星。其中一颗黄色的亮星是南河三（小犬座 α 星），星等为 0.38。南河三与猎户座的东北角上的参宿四、大犬座的天狼星共同组成一个等边三角形，人称"冬季大三角形"，在冬季的夜晚十分醒目。南河三是全天第 8 亮的星，英文和希腊文中的意思是"前哨狗"，因其在天狼星之前升起之故。另一颗星是南河二（小犬座 β 星），星等为 2.9。

小犬座流星群又被称为贾科比尼流星群。之所以被这样命名，是因为其与彗星贾科比尼－津纳的轨道相同。后来，人们认为该

冬季大三角

流星群是这颗彗星遗留在轨道上的粒子。它是 1900 年被天文学家发现的，运行周期为 6.61 年。在上世纪初，它默默无闻，直至 1933 年和 1946 年，出现了两次特大爆发，成为 20 世纪最灿烂的流星雨。根据历史记载，最近一次的大爆发是在 1998 年。

我们所熟悉的狮子座和英仙座的流星雨，一般最佳的观察时间在凌晨。而小犬座的流星雨最佳的观察时间是日落后 40 分钟至深夜 12 时。观察方位在偏北的晚空。

＊麒麟座（Monoceros）

缩写：Mon

象征物：独角兽

赤经：7.15h

赤纬：−5.74°

面积：482 平方度

位次：35th

亮星数目：（星等 <3）0

最亮星：麒麟座 α 星（视星等 3.93）

邻接星座：大犬座、小犬座、双子座、长蛇座、天兔座、猎户座、船尾座

最佳观测月份：2 月（纬度变化位于 +75° 和 -85° 之间可全见）

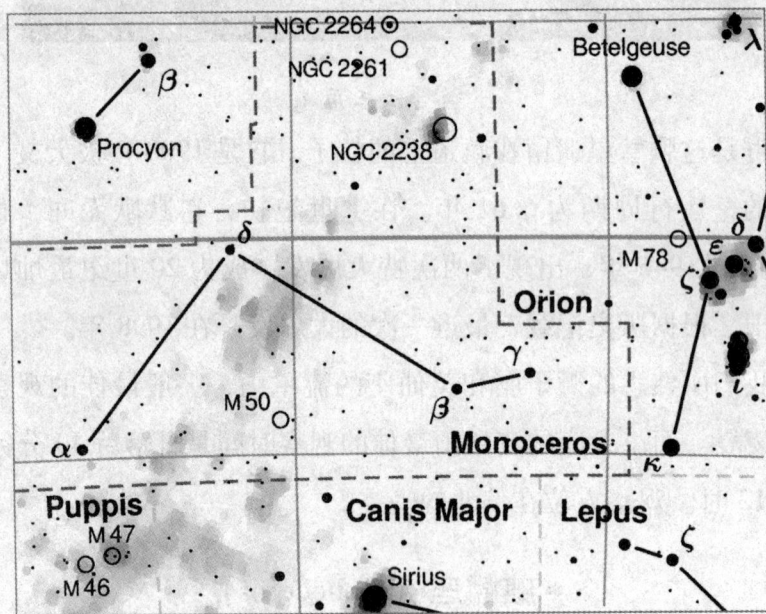

麒麟座

麒麟座位于双子座以南，大犬座以北，小犬座与猎户座之间的银河中。但是，这一部分的银河是位于麒麟座的边缘方向，所以远不如夏天夜晚的银河明亮。每年 1 月 5 日子夜麒麟座上中天，

1月和2月都是观测它的最佳月份。

麒麟座的拉丁文是 Monoceros，意为独角兽或犀牛。早在波斯星图上，就已经有了这个星座的图形。我国天文学家将其翻译为麒麟。中国古代传说描绘的麒麟是独角的鹿身牛尾兽。全身披鳞甲，古人用它象征祥瑞，因此麒麟座就是一个被人们称为吉祥的星座。麒麟座相当于我国的四渎、阙丘等星官。

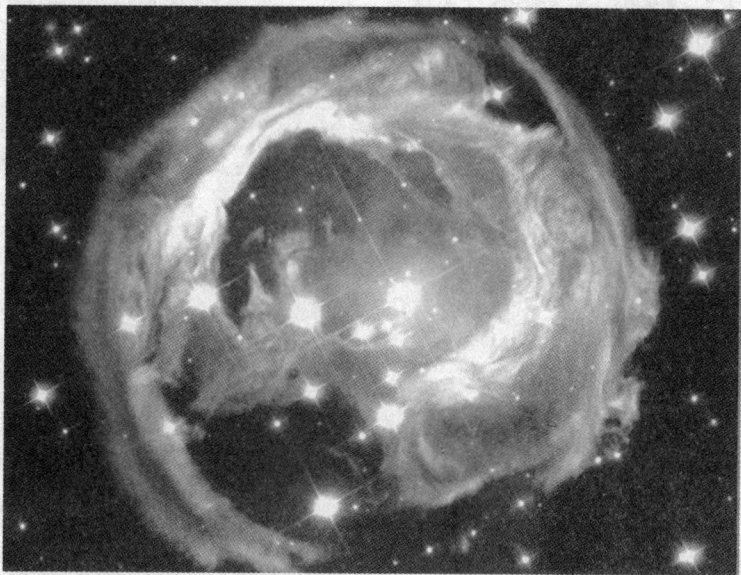

麒麟座玫瑰星云

麒麟座中最美丽的天体是玫瑰星云（又称蔷薇星云，NGC2237，目视星等约为6等）。是一个距离我们三千光年的大型发射星云。在这一片淡淡的玫瑰红色的星云中心，是一个由十来颗翠蓝和金黄色恒星组成的疏散星团，而星团恒星所发出的恒星风，已经在星云的中心吹出一个大洞。这些恒星大约是在四百万年前从它周围的云气中形成的，而空洞的边缘有一层由尘埃和热

云气的隔离层。这团热星所发出的紫外光辐射，游离了四周的云气，使它们发出辉光。星云内丰富的氢气，在年轻亮星的激发下，让 NGC2237 在大部分照片里呈现红色的色泽。可惜这朵天上的玫瑰花，从天文望远镜中直接看不出颜色，只有在用天文望远镜长时间拍摄的照片上才能看到它的颜色。

第二节 4~6月的星空

*大熊座（UrsaMajor）

缩写：UMa

象征物：一只巨熊

赤经：10.67h

赤纬：55.38°

面积：1280 平方度

位次：第三位

亮星数目：（星等<3）6

最亮星：大熊座α星（视星等1.8）

邻接星座：天龙座、鹿豹座、天猫座、小狮座、狮子座、后发座、猎犬座、牧夫座

最佳观测月份：4月（纬度变化位于+90°和-30°之间可全见）

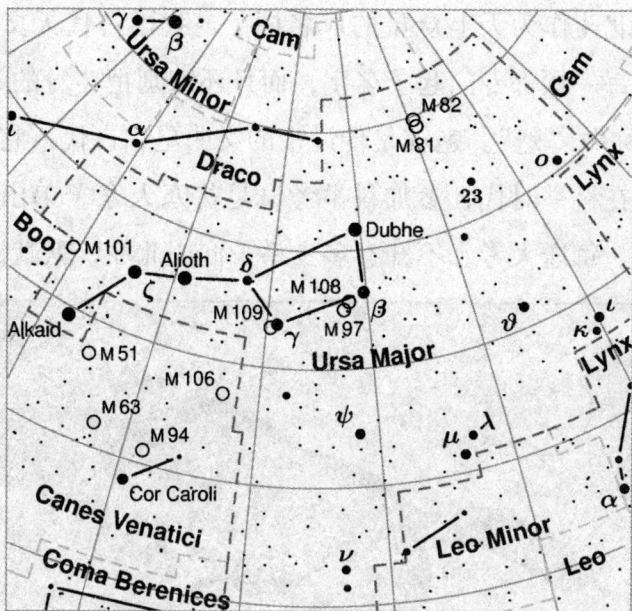

大熊座

大熊座是著名的北斗七星所在的星座。在中国古代，把大熊星座中的七颗亮星看作一个勺子的形状，这就是我们常说的北斗七星。你看，η、ζ、ε三颗星是勺把儿，α、β、γ、δ四颗星组成了勺体。其实，观看大熊座时，勺子的形状比熊的形象更容易被看出来。这个大勺子一年四季都在天上，不同季节勺把的指向还有变化呢，而且恰好是一季指一个方向，用古人的话来说就是："斗柄东指，天下皆春；斗柄南指，天下皆夏；斗柄西指，天下皆秋；斗柄北指，天下皆冬。"远古时代没有日历，人们就用这种办法估测四季。

大熊座无疑是北方天空中最醒目、最重要的星座，古往今来各国的天文学家都很重视它。我们常说"满天星斗"，可见中国

人简直把北斗作为天上众星的代名词了。我国古代天文学家给北斗七星的每一颗都专门起了名字，而且还特别把斗身的α、β、γ、δ四颗星称做"魁"。魁就是传说中的文曲星，古代，它是主管考试的神。在科举时代，参加科举考试是贫寒人家子弟出人头地的唯一办法。每逢大考，不知有多少举子仰望北斗，默默祷告呢！

大熊座古代星图

从勺柄数起第二颗，也就是那颗ζ星，中国古代称为开阳星。仔细看看它，会发现它旁边很近的地方还有一颗暗星，这颗暗星叫大熊座80号星。古人看它总在离开阳星很近的地方，就像是开阳星的卫士，就把它叫做辅。开阳星和辅构成了一对双星。

在地球上不同纬度的地区，所能看到的星座是不一样的。在北纬40°以上的地区，也就是北京和希腊以北的地方，一年四季都可以见到大熊座。不过，春天，大熊座正在北天的高空，是四季中观看它的最好时节。

＊小熊座（UrsaMinor）

缩写：UMi

象征物：小熊

赤经：15h

赤纬：70°

面积：256 平方度

位次：第 56 位

亮星数目：（星等 <3）2

最亮星：小熊座 α 星（勾陈—北极星）（视星等 2.02）

邻接星座：天龙座、鹿豹座、仙王座

最佳观测月份：6 月（纬度变化位于 +90° 和 –10° 之间可全见）

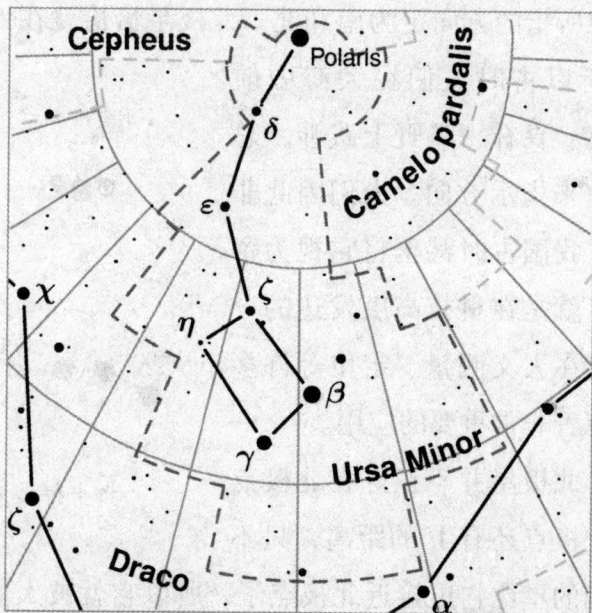

小熊座

满天的星座

MANTIAN DE XINGZUO ▷▷▷▷▷▷

漫游宇宙天体丛书

60

　　小熊座是紧挨着大熊座的一个星座。从大熊座北斗斗口的两颗星 β 和 α 引一条直线，一直延长到距离它们 5 倍远的对方，有一颗不很亮的星，这就是小熊座 α 星，也就是著名的北极星。一年四季，不管北斗的勺柄指向何方，β、α 两星的连线总是伸向北极星。所以，我国古代也把这两颗星称作指极星。

　　在星图中主要亮星连起来，与其说构成了一只小熊的形象，倒不如说是个小北斗的样子。小熊座的这个"北斗"不但比大熊座的北斗小很多，而且七颗星中除了 α、β 是 2 等星，γ 是 3 等星以外，其他几颗都小于 4 等；不像大熊座的北斗，除了 δ 是 3 等星以外，其他六颗都是 2 等星。所以，这个小北斗远不像北斗七星那么引人注目，人们平时注意到的只是北极星一颗。

　　地球的自转轴在天空中的位置是很稳定的，人们就把地球自转轴在空中所指的方向定为南和北。北极星恰恰就在地球自转轴的方向，所以古时人们在大海中航行，在沙漠、森林、旷野上跋涉，总是求助于它来指示方向。人们因此非常景仰它，我国古时甚至将它视为帝王的象征。就是在科技高度发达的今天，北极星在天文测量、定位等许多方面仍然有着非常重要的应用。

　　其实，北极星并不正好在北极点上，它和北极点还有 1° 的距离，只不过再没有别的星比它更接近北极点了，所以它就被人们近似的视

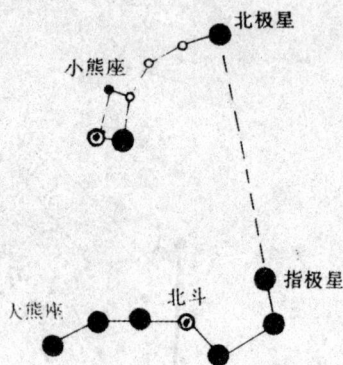

北斗和北极星

为北极点。如果我们站在地球的北极，这时北极星就在我们头顶的正上方。在北半球其他地方，人们看到北极星永远在正北方的那个位置上不动。而且，由于地球的自转和公转，北天的星座看上去每天、每年都绕北极星转一圈。尤其是北斗，勺口指向北极星，并绕着它旋转，不知倦怠，永不停歇。我国古人对此大有感触，在《易经》中写下了"天行健，君子自强不息"。这句意味深长的话。

关于大熊座和小熊座，还有这样一个传说：有一次，宙斯爱上了一个名叫卡里斯托的姑娘，不久卡里斯托便怀孕生下了宙斯的儿子阿卡斯。知道这件事情之后，愤怒的天后赫拉把卡里斯托化为一只大熊，使她只得在森林里生活下去。过了许多年，卡里斯托的儿子阿卡斯长大，并成为一名出色的猎手。这一天，阿卡斯在森林里打猎。卡里斯托认出了自己的儿子，忘了自己是熊身的她不顾一切地向他跑了过去。但是，阿卡斯并不知道这只可怕的大熊是自己的母亲，便向这只熊举起长枪。就在这个危险的时候，宙斯急忙将阿卡斯也变成一只熊。变成熊的阿卡斯认出了自己的母亲，从而避免了一场弑亲的悲剧。后来宙斯又将两只熊一同带到天上，并在众星之中给了他们两个荣耀的位置，这就是大熊座与小熊座。

*天龙座（Draco）

缩写：Dra

象征物：龙

赤经：15h

赤纬：+75°

面积：1083 平方度

位次：第 8 位

亮星数目：（星等 <3）3

最亮星：天龙座 γ 星（天棓四）（视星等 2.23）

邻接星座：牧夫座、猎户座、天琴座、天鹅座、仙王座、小熊座、鹿豹座、大熊座

最佳观测月份：7 月（纬度变化位于 +90° 和 -15° 之间可全见）

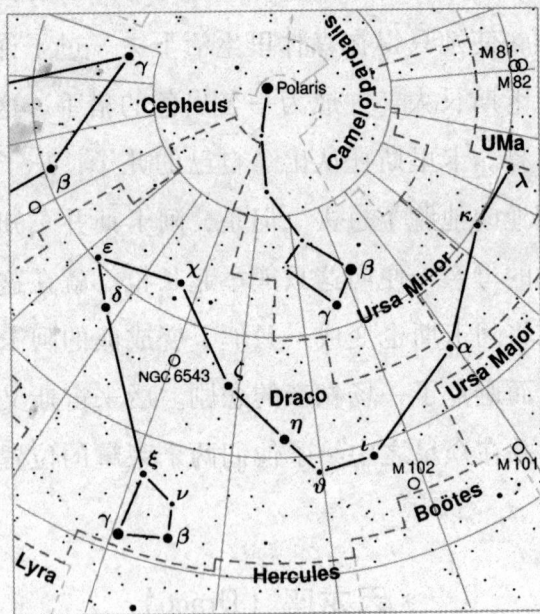

天龙座

天龙座是拱极星座，在北天一年四季都可以看到。它看起来

很像一条蛟龙，弯弯曲曲地盘旋在大熊座、小熊座与武仙座之间，所跨越的天空范围很广。高昂的龙头紧靠武仙座，由 4 颗星组成，构成一个四边形，长长的龙身围绕北极圈半圈，明亮的龙眼正凝视着未来的北极星——织女星。

天龙的大龙头是由四颗星构成的一个小小的四边形。有趣的是，织女星是颗 0 等星，牛郎星是颗 1 等星，而这四颗星依次大体上是 2、3、4、5 等星。

连接大熊座北斗七星的第三和第四颗星，也就是 γ 和 δ 星，延长到间距的两倍处，也就是在天龙的尾部有一颗暗淡的名叫"右枢"的小星，它曾是 4000 年前的北极星，据说埃及齐阿普斯王的金字塔底部有一条 100 多米长的隧道，就是对着右枢的方向挖成的。古代埃及的神官就是从这里眺望当时的这颗北极星的。

传说天龙原来是一条喷火的毒龙，天后赫拉叫它看守赫斯珀里得斯果园里种植的金苹果树。赫斯珀里得斯是泰坦族阿特拉斯的女儿们居住的地方。英雄赫拉克勒斯来到赫斯珀里得斯果园取金苹果时，被这条巨龙挡住了。赫拉克勒斯找到正在为宙斯赎罪而驮着天的阿特拉斯，说替他驮天，让他到女儿处取来金苹果。接着赫拉克勒斯又巧计妙计哄骗阿特拉斯，拿到了金苹果并让阿特拉斯重新把天驮起来。后来，天后赫拉就把这条毒龙升到天上，成为天龙座。

天龙座有一个著名的星云，编号为 NGC6543，它有一颗中心亮星，却不易观察到。由于亮星周围包裹着一圈很明亮的蓝绿色气体壳，样子看上去酷似猫眼，所以这个星云也叫做猫眼星云。

　　猫眼星云是一个典型的行星状星云，距离我们约 3000 光年，是一颗类太阳恒星在生命的最后阶段所呈现的美景。行星状星云中心快要死亡的恒星会一次次向外喷发物质形成美丽的壳层图案。

　　天龙座中有三个流星群，即天龙座流星雨、天龙座 α 流星雨和天龙座十月流星雨。一般说来，每年 10 月 6 日到 10 日的天空，属于天龙座流星雨活跃表演的舞台，每年的这个时候你可以对这个星座多加留意。

＊牧夫座（Bootes）

缩写：Boo

象征物：BearWatcher

赤经：15h

赤纬：+30°

面积：907 平方度

位次：第 13 位

亮星数目：（星等＜3）3

最亮星：牧夫座 α 星（大角星）（视星等 -0.04）

邻接星座：猎犬座、后发座、北冕座、天龙座、武仙座、巨蛇座、室女座、大熊座

最佳观测月份：6 月（纬度变化位于 +90° 和 -50° 之间可全见）

　　古希腊人把牧夫座想象成一个勇猛的猎人，右手拿着长矛，左手高举，恨不得一把抓住面前的大熊。每当暮春初夏的日子，牧夫座就在我们头顶，这时正是这个年轻猎人踌躇满志，最为得

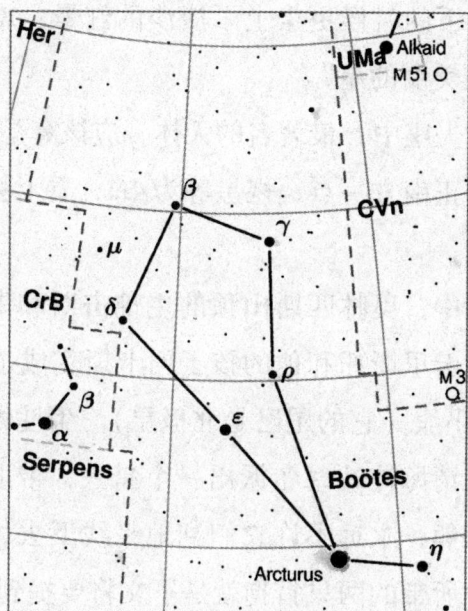

牧夫座

意的时候。

牧夫座是冬夜星空中最好认的一个星座。座中 α、γ、β 和 κ 这四颗星组成了一个四边形，在它的中央，δ、ε、ζ 三颗星排成一条直线。这是牧夫座中最亮的七颗星，其中 α 和 β 星是 1m，其他全是 2m 星。一个星座中集中了这么多亮星，而且排列得又是如此规则、壮丽，难怪古往今来，在世界各个国家，它都被视为力量、坚强、成功的象征。

牧夫座 α 星，在我国古代被称为"大角"，属于二十八宿中的亢宿，是这个星座中最亮的星星，也是春季星空的主要亮星之一，是全天第四亮星，北天第一亮星。毫不夸张地说，α 星是夜空中的一盏明灯，你看它浑身散发着柔和的橙色的光芒，每天刚

刚升起和将要落下的时候更染上了淡淡的红晕，难怪人们称誉它是"众星之中最美丽的星"。

此外，在牧夫座中，最著名的天体，应该算是那个大星云了。它就位于三星的正南方一点，视星等为4m，看上去像团白雾，非常好认。

在希腊神话中，奥林匹斯山顶的主神宙斯和妻子赫拉，用法术把美丽的仙女卡里斯托和他的孩子阿卡斯变成了大熊（它的标志是北斗星）、小熊（它的尾巴是北极星）。生性傲慢又妒忌的赫拉还不甘心，又请海神波塞冬派出一个猎人，带上两只猎狗，到天上追赶这两头熊，永远不许它们到地平线下去休息，这个猎人就是牧夫座，他所带的两只猎狗就是下文将要提到的猎犬座。

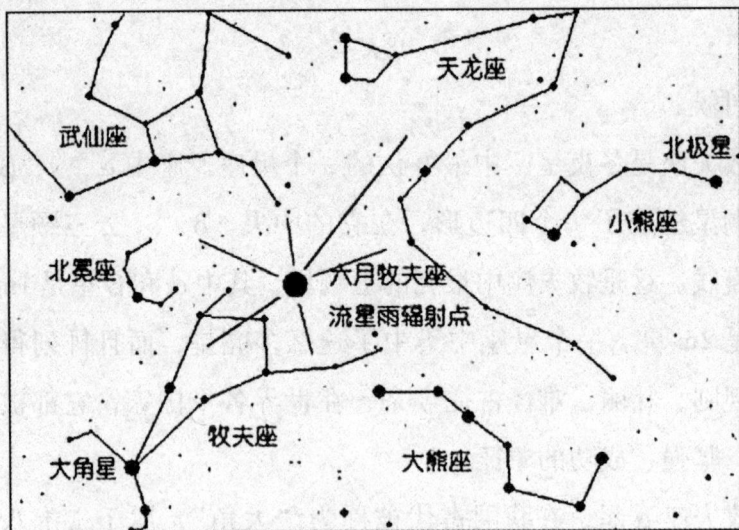

牧夫座流星雨辐射点

每年的 6 月 26 日到 7 月 2 日期间是牧夫座流星雨活跃期。但由于一直以来牧夫座流星雨的变化没有规律，比如从 1927 年一次

大的爆发后，几十年间它就没有了踪影，很多天文学家以为它消失了，谁曾想 1998 年它又忽然大规模地爆发。1998 年之后它又玩起了捉迷藏，所以，出现多少，目前很难预测。不过，正是由于它的神秘，无论对于天文学家还是天文"追星族"来说就显得尤为珍贵。

* 鹿豹座（Camelopardalis）

缩写：Cam

象征物：长颈鹿

赤经：6h

赤纬：+70°

面积：757 平方度

位次：第 18 位

亮星数目：（星等 <3）0

最亮星：鹿豹座 β（视星等 4.03）

邻接星座：天龙座、小熊座、仙王座、仙后座、英仙座、御夫座、天猫座、大熊座

最佳观测月份：2 月（纬度变化位于 +90° 和 −10° 之间可全见）

鹿豹座是一个很大的"瘦高挑"型的星座，它拉丁文名称是 Camelopardalis，意思是"长颈鹿"。由于看上去长颈鹿身上有类似于豹子身上的斑点，它的头和蹄子和鹿相似，因此我国早期将 Camelopardalis 翻译为"鹿豹"。在托勒密时代的星座表中没有鹿豹座的名字，这是少数没被古人注意的星座之一，曾经被称为

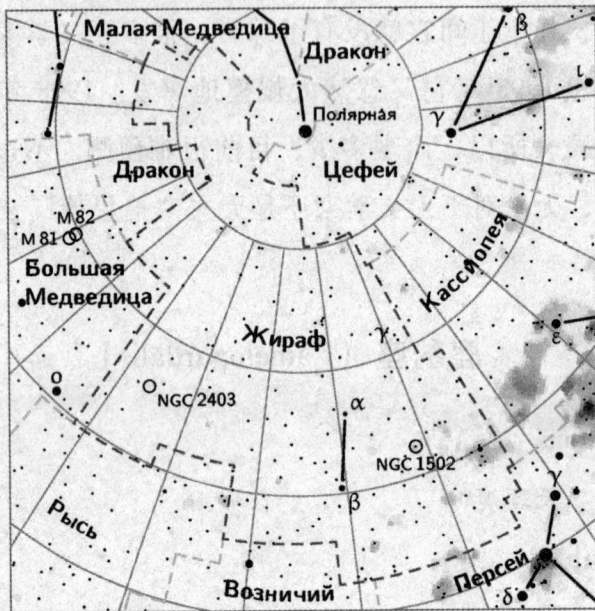

鹿豹座

"缺席的星座"。

鹿豹座位于天鹅座以北，仙后座以西，紧挨北极星，与北斗星遥遥相对。星座的大部分沉浸在银河之中。星座的一部分相当于我国古代星空划分中紫薇右垣的一部分。这个星座在北半球一年四季都可以看到，特别是秋天夜晚更是引人注目，但是由于其中最亮的星也还不到2m，所以要找到它并不是很容易。

鹿豹座中有许多变星，其中最引人注目的是δ星，我国古代管它叫造父一（造父是我国古代传说中一位善于驾驶马车的人）。它也是颗变星，这是1784年首先发现的。造父一的变光周期非常准确，为5天8小时46分钟39秒，最亮时是3.5m，最暗时为4.4m，是典型的脉动变星。天文学家称它们为"造父变星"。

鹿豹座最亮的星是鹿豹座 β 星，中文名"八谷增十四"，其视星等为 4.03 等，距离 1700 光年，是颗 G0 型超巨星，其光度是太阳光度的 5000 倍。

每年 12 月 23 日子夜，鹿豹座的中心经过上中天，这也是鹿豹座的最佳观测时间。

＊猎犬座（CanesVenatici）

缩写：CVn

象征物：猎犬

赤经：13h

赤纬：+40°

面积：465 平方度

位次：第 38 位

亮星数目：（星等＜3）1

最亮星：猎犬座 α 星（常陈一）（视星等 2.90）

邻接星座：大熊座、牧夫座、后发座

最佳观测月份：5 月（纬度变化位于 +90°和 –40°之间可全见）

猎犬座是北天的一个小星座，17 世纪由波兰天文学家约翰·赫维留创立。它位于北斗七星勺柄的南方，也就是大熊座、狮子座和牧夫座之间。在古典星图中，猎犬座被画成牧夫牵着的两只猎犬，在追赶前面的大熊与小熊。

其实在整个星座中，我们肉眼所能看到的只有 3 等的 α 星和 4 等的 β 星，因此根本看不出猎犬的形象。晴朗无月的夜晚，在

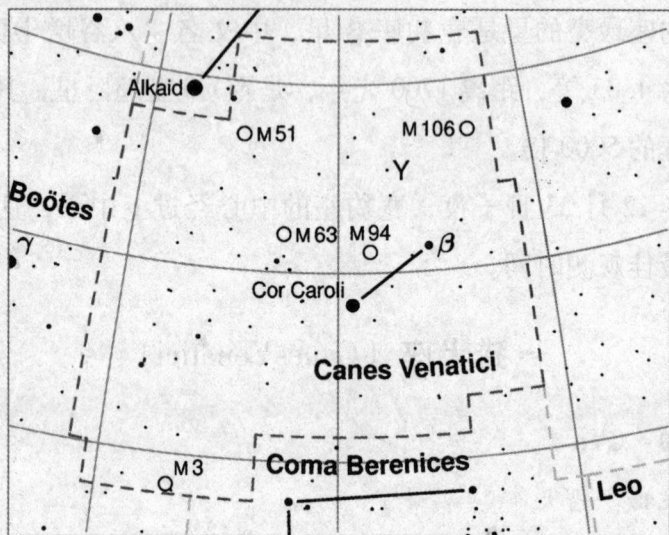

猎犬座

猎犬座 α 星和大角连线的中点可以找到一颗非常黯淡的星，有时甚至得借助小望远镜才能看到。而在大型望远镜下观察，原来它并不是一颗星，竟是 20 多万颗星聚在一起的星团。猎犬座的这个大星团呈球形，直径达 40 光年，在天文学上叫做"球状星团"。在猎犬座北面有一漩涡星系，距离我们约 1400 万光年。即猎犬座星系。

猎犬座漩涡星系

猎犬座虽然没有亮星，其中却有美不胜收的深空天体。春末夏初，傍晚之后，它们升到天顶附近，正是寻觅和观赏的好时机。

* 后发座（ComaBerenices）

缩写：Com

象征物：埃及王后伯伦尼斯二世（BereniceII）的头发

赤经：12.76h

赤纬：+21.83°

面积：386 平方度

位次：第 42 位

亮星数目：（星等＜3）0

最亮星：后发座 β 星（周鼎一）（视星等 4.26）

邻接星座：猎犬座、大熊座、狮子座、室女座、牧夫座

最佳观测月份：5 月（纬度变化位于 +90° 和 −70° 之间可全见）

后发座位于猎犬座南面，室女座的北面，牧夫座与狮子座之间。这个星座没有什么亮星，但是，这些零散的星星在暗淡的星空中，看起来若云似雾，像是一束闪闪发光的金头发。传说历史上的贝勒尼基二世是古代昔兰尼的公主，埃及法老托勒密三世的王后。约在公元前 243 年的时候，托勒密三世远征叙利亚。她向神祈祷保佑丈夫平安归来，把头发剪下来奉献在女神阿佛罗狄忒的神庙。第二天，她的头发不见了。宫廷里的人说是被女神带到了天上，成为后发座。

后发座是一个黯淡的小星座，其中最亮的一颗星也只有 4m。

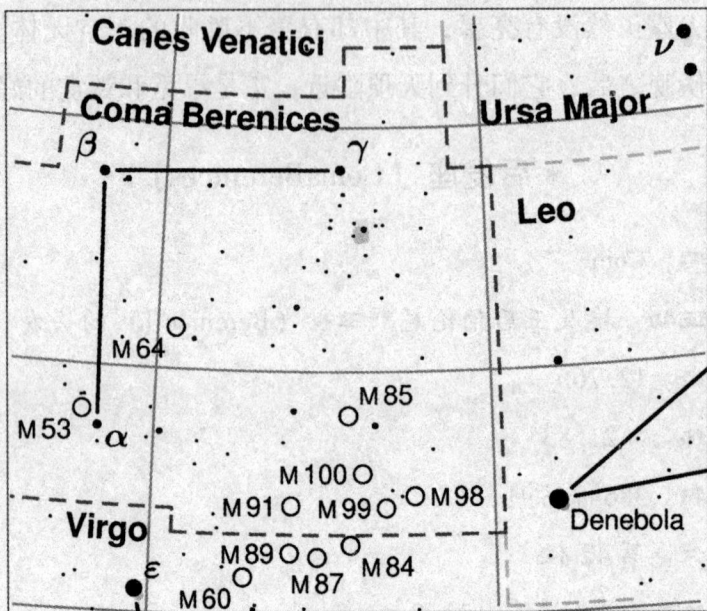

后发座

不过，这个星座几颗主要的星正在猎犬座 α 星、牧夫座的大角和狮子座 β 星所连成的三角形中，所以找起来倒不太困难。

别看后发座不起眼，它在天文学上可是个很重要的星座，其原因就在于这里有一个著名的星系团。在后发座星系团中，几乎每一个天体都是一个星系，是已知最密集的星系团之一，其中包含了数千个星系在里面。它们如银河系一样每一个星系都有数十亿颗的恒星，虽然和其他的星系团比起来，后发座星系团是比较近的，距离我们 3 亿多光年，它所发出的光，还是要经过数亿年的时间才会到达我们这里。即使在星系团内，光从它的一端飞到另一端，要数百万年之久！

后发座最亮的星为视星等 4.26 的后发座 β。然而，从绝对星

等上说后发座 β 略高于太阳，只是因为距离地球 27 光年而不是 8 光分钟的缘故才显得暗淡。该星在中国古代称作周鼎一。

第二亮的星为后发座 α，视星等 4.32，象征王后头发上的冠冕，是由亮度接近的一对双星系统构成。

后发座正好在我们这个银河系的北极方向上，所以当后发座升到天顶时，银河就与地平线相重合，这时我们就看不到银河。正因为在远离银河所在平面的方向上，遮住光线的气体和尘埃物质很少，因而以后发座为中心的牧夫座、大熊座、狮子座和室女座等星座，就是一个从银河系内观看银河系之外的宇宙世界的一个极好窗口。例如，从这里可以看到：由 1 万个星系组成的庞大的后发座星系团；偏大熊座方向的大熊星系团；朝室女座方向的"星系之巢"似的密集星系。当然这些遥远的星系肉眼是看不到的，只有用大型天文望远镜才能观测到。

＊狮子座（Leo）

缩写：Leo

象征物：狮子

赤经：11h

赤纬：+15°

面积：947 平方度

位次：第 12 位

亮星数目：（星等 <3）3

最亮星：狮子座 α 星（轩辕十四）（视星等 1.35）

漫游宇宙天体丛书

邻接星座：小狮座、巨蟹座、长蛇座、六分仪座、巨爵座、室女座、后发座、大熊座

最佳观测月份：4 月纬度变化位于 +90°和 −65°之间可全见

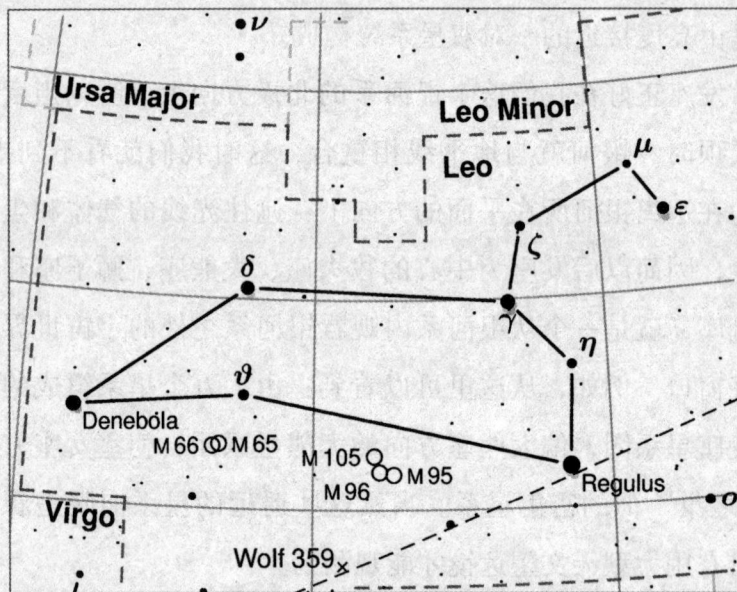

狮子座

狮子座位于东面的室女座与西面的巨蟹座之间，北面是大熊座和小狮座，南边是长蛇座、六分仪座和巨爵座。

狮子座由南向北，轩辕十四（狮子座 α）、轩辕十三（狮子座 η）、轩辕十二（狮子座 γ）、轩辕十一（狮子座 ζ）、轩辕十（狮子座 μ）及轩辕九（狮子座 ε）组成了叫做"镰刀"的结构，它们代表了狮子的头、颈及鬃毛部分。

狮子座最亮星为轩辕十四，即狮子座 α 星，这颗星呈蓝白色，视星等1.35，光度在全夜空中排第 21 位，它象征着狮子的心脏。γ 星轩辕十二则是对金橘色双星。狮子座的 β 星、牧夫座的大角以及室女座的角宿一，组成了春夜里很重要的"春季大三角"。

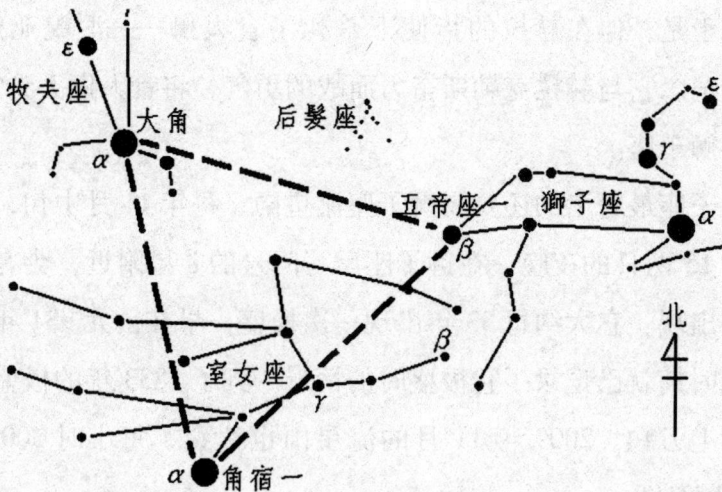

春季大三角

狮子座也是黄道星座。由于岁差的缘故，在4000多年前的每年6月，太阳的视运动正好经过狮子座。（现在的6月，太阳的视运动已经到了金牛座与双子座之间）。那时，波斯湾古国迦勒底的人民认为，太阳是从狮子座中获得了很多热量，所以天气才变得热起来。古埃及人也有同感，因为每年的这个时候，许多狮子都迁移到尼罗河河谷中去避暑。

古埃及人对狮子座非常崇拜，据说，著名的狮身人面像就是由这头狮子的身体配上室女的头塑造出来的。狮子座里的星在我国古代也很受重视，我国古人把它们喻为黄帝之神，称为轩辕。

在希腊神话中，狮子座的由来与赫拉克勒斯有关。赫拉克勒斯是宙斯与凡人的私生子，他天生具有无比的神力，天后赫拉也

因此妒火中烧，设计让赫拉克勒斯杀死了自己的妻子和孩子。赫拉克勒斯清醒了以后十分懊悔伤心，决定要以苦行来洗清自己的罪孽。于是，他在赫拉的指使下杀死了食人狮——涅墨亚狮子。赫拉为纪念它与赫拉克勒斯奋力而战的勇气，将食人狮丢到空中，变成了狮子座。

狮子座最著名的还要属狮子座流星雨，每年 11 月中旬，尤其是 14、15 两日的夜晚，在狮子座反写问号的 ζ 星附近，会有大量的流星出现。它大约每 33 年出现一次极盛，早在公元 931 年，中国五代时期就已记录了它极盛时的情景。到了 1833 年的极盛时每小时有上万颗。2009 年 11 月的流星雨也达到了每小时 300 颗的"暴雨"级别。

*巨蟹座（Cancer）

缩写：Cnc

象征物：蟹

赤经：9h

赤纬：20°

面积：506 平方度

位次：第 31 位

亮星数目：（星等 <3）0

最亮星：巨蟹座 β 星（柳宿增十）（视星等 3.52）

邻接星座：天猫座、双子座、小犬座、长蛇座、狮子座、小狮座

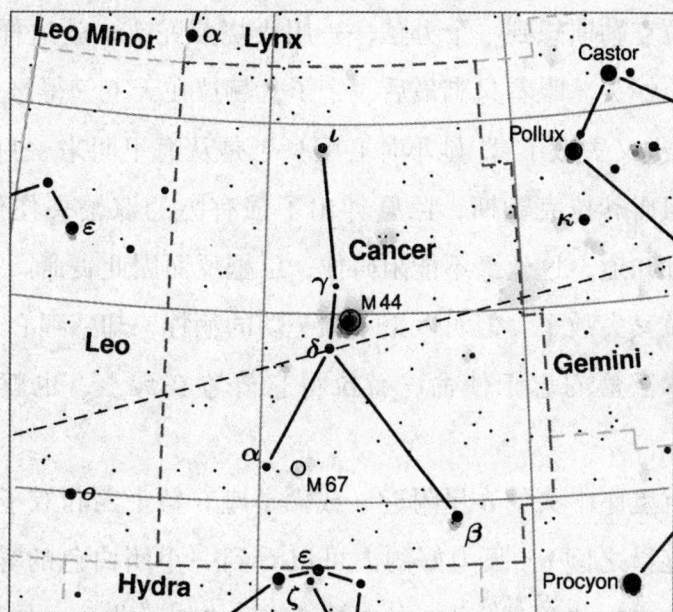

巨蟹座

巨蟹座位于双子座和狮子座之间，北方是天猫座，南面则是小犬座和长蛇座。巨蟹是黄道十二星座之一，但却是十二星座中最黯淡的一个星座。这个星座中没有亮于 3 等的恒星。其中较亮的 3 颗恒星 α、β、δ 组成一个"人"字形结构。

希腊神话中，巨蟹座同样也与宙斯的儿子赫拉克勒斯有关。赫拉克勒斯是希腊最伟大的英雄，世间最强壮的人。世上没有他办不到的事，连神明们都是靠着他的协助才征服了巨人族，当然，赫拉克勒斯也为神明立下许多汗马功劳。有一天他来到了麦西尼王国，正准备接受英雄式的欢迎，国王却因受到赫拉的指使，给他出了一道难题——杀掉住在沼泽区的九头蛇。这事很难办，因

为每砍掉一个头这条蛇便会马上生出无数个头。

赫拉克勒斯想到一个办法——用火烧焦蛇头，就这样轻易解决了八个蛇头。眼看只剩最后一个了，赫拉在天上气得怒火中烧，"难道这次又失败了？"她不甘心啊！于是从海里叫来一只巨大的螃蟹要阻碍赫拉克勒斯，巨蟹伸出了强有力的双蟹夹住他的脚，但是谁都知道，这丝毫不能阻碍他，巨蟹反而因此丧命。

赫拉又失败了，但对巨蟹不顾一切的牺牲，却感到心有戚戚，为了感念巨蟹的忠于使命，赫拉将它放置在天上，也就成了巨蟹座。

在巨蟹座中央的δ星附近（或狮子座轩辕十四和双子座β星这两颗亮星之间），眼力好的人可以看到一小团白色的雾气，中国古代称之为"积尸气"，书中描述它："如云非云，如星非星，见气而已"。直到望远镜发明以后人们才观测到，它原来是一个疏散星团，天文学上称为"蜂巢星团"，或称之为"鬼星团"，是因其在鬼宿而得名，在梅西耶星表中编号为M44。鬼星团的大小不到10秒差距，成员星200多个，总质量是太阳质量的200多倍，其中心离太阳约160秒差距，比毕星团远得多。鬼星团是一个移动星团，正远离地球而去，其速度的大小和方向都同毕星团的差不多。

＊室女座（Virgo）

缩写：Vir

象征物：农业女神

赤经：13h

赤纬：0°

面积：1294 平方度

位次：第 2 位

亮星数目：（星等＜3）3

最亮星：室女座 α 星（角宿一）（视星等 1.0）

邻接星座：后发座、狮子座、巨爵座、乌鸦座、长蛇座、天秤座、巨蛇座、牧夫座

最佳观测月份：5 月（纬度变化位于 +80° 和 −80° 之间可全见）

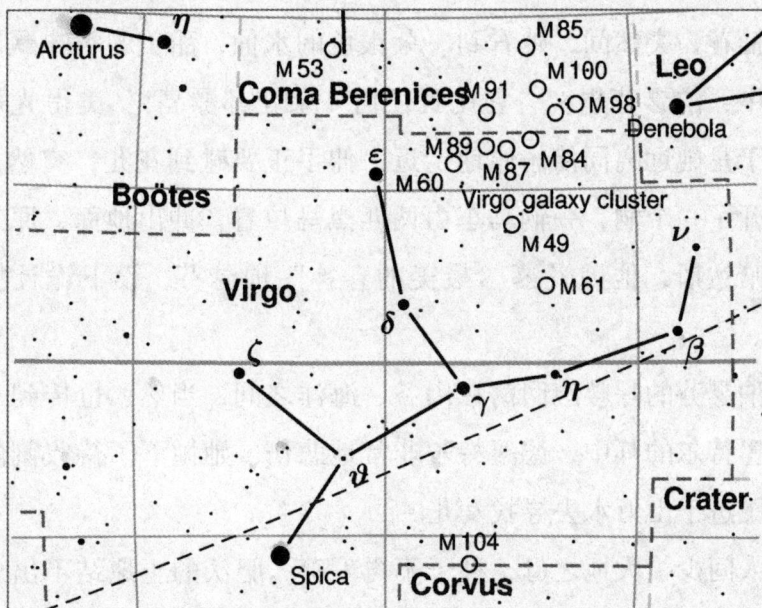

室女座

室女座位于狮子座与天秤座之间，北面是牧夫座、后发座和巨蛇座，南边是长蛇座、乌鸦座和巨爵座。每年的春季太阳落山

漫游宇宙天体丛书

不久，它就出现在东方的地平线上，在春夏两季的夜空中室女座一直吐放着它的光芒。在全天88个星座中，它是仅次于长蛇座的大星座，室女座的位置很重要，黄道和天赤道的交点之———秋分点就在室女座中，就是说，黄道和天赤道都穿过室女座。

在古代星图上室女被画成一位长着双翅正在收割的女神，一手拿着一束麦穗，一手拿着镰刀，这就是人间管理谷物的农业之神、希腊的大地之母——德墨特尔。她是宙斯的姐姐，有一个美丽的独生女——泊瑟芬，她是春之女神，只要她轻轻踏过的地方，都会开满娇艳欲滴的花朵。有一天她和同伴正在山谷中的一片草地上摘花，突然间，她看到一朵银色的水仙，甜美的香味飘散在空气中，泊瑟芬想："它比我任何一朵花都漂亮!"美得光彩照人，于是她远离同伴偷偷地走近，伸手正要碰到花儿，突然，地底裂开了一个洞，一辆马车由两匹黑马拉着，冲出地面，原来是冥王哈达斯，他因爱慕"最美的春神"泊瑟芬，设下诡计掳走了她。

泊瑟芬的呼救声回荡在山谷、海洋之间，当然，也传到了母亲德墨特尔的耳中，德墨特尔非常地悲伤! 她抛下了待收割的谷物，飞过千山万水去寻找女儿。

人间少了大地之母，种子不再发芽，肥沃的土地结不出成串的麦穗，人类都要饿死了，宙斯看到这个情形只好命令冥王放了泊瑟芬，冥王不得不服从宙斯，但却暗生诡计——临走前给泊瑟芬一颗果子——地狱石榴，泊瑟芬怎么知道一旦她吃了这颗果子便必须回到阴暗恶臭的地狱里。

宙斯没有办法，只好对哈达斯说："一年之中，你将只有四分之一的时间可以和泊瑟芬在一起。"从此以后只要大地结满冰霜，寸草不生的时候，人们就知道这是因泊瑟芬又去了地府。

室女座最显著的星就是角宿一，是二十八宿第一宿（东方青龙之角宿，共两颗星）的第一星。春季星空的主要亮星之一，这颗蓝白色的星也是全天最亮的 20 颗恒星之一。它代表着女神手执的麦穗。利用它可以帮助寻找室女座及其他星座：顺着大熊座北斗勺把儿的弧线，就可以找到牧夫座 α 星，也就是大角。沿着这条曲线继续向南，再经过差不多同样的长度，就可以找到角宿一、乌鸦座。由角宿一、大角及狮子座的五帝座一所组成的等边三角形，也就是著名的"春季大三角"。春季大三角再加上猎犬座的常陈一构成一个四边形钻石，也就是著名的"春季大钻石"。

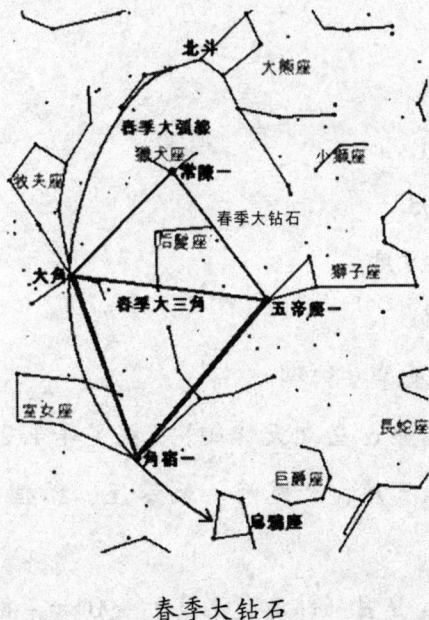

春季大钻石

室女座中还有一些星云、星团，最著名的是 M18（NGC6705）疏散星团，是德国天文学家基希于 1681 年首先发现的。英国一位天文学家认为它好像一只飞翔的野鸭，因此又称野鸭星团。它是已知最致密的疏散星团，其中大约有 500 颗恒星，距离地球 5500 光年。

第三节　7~9 月的星空

＊天鹅座（Cygnus）

缩写：Cyg

象征物：天鹅

赤经：20.62h

赤纬：+42.03°

面积：804 平方度

位次：第 16 位

亮星数目：（星等 <3）4

最亮星：天鹅座 α 星（天津四）（视星等 1.25）

邻接星座：仙王座、天龙座、天琴座、狐狸座、飞马座、蝎虎座

最佳观测月份：9 月（纬度变化位于 +90° 和 −40° 之间可全见）

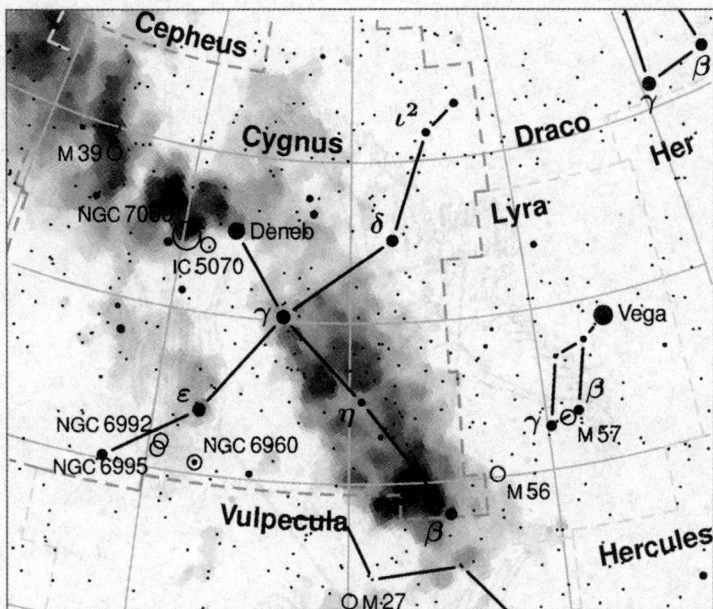

天鹅座

天鹅座为北天星座之一。天鹅星座的拉丁名是 Cygnus，简写为 Cyg，意为天鹅。天鹅座是夏天最显眼的几个星座之一，每年 9 月 25 日 20 时，天鹅星座升上中天，星座全身都浸在银河中，它的几颗亮星搭成了一个十字形，活脱脱就是一只在天河上展翅翱翔的美丽白天鹅。

天鹅座 α 星是一颗白色的一等星，在我国古代称为天津四，它的视星等为 1.25m，是全天第 20 亮星，距离我们 1500 光年，放射着比太阳强烈 5000 倍的光，在这颗星的周围，有以 100 千米/秒的速度膨胀的气体云形成的包围圈。天鹅座 α 星在今后 8300 年的时候，距离天球的北极点仅仅 6.6°，是最靠近北极的一颗亮星了，那时它将成为"北极星"。它和织女星、牛郎星构成了醒目的"夏季

大三角"。

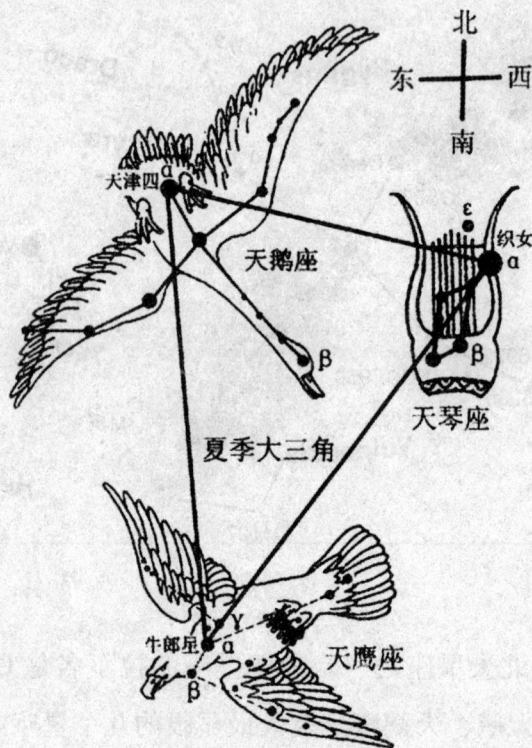

夏季大三角

　　在希腊神话传说中，天神宙斯为公主勒达的美貌所吸引，于是，他想出一条诡计，变形为一只天鹅。它是那样美丽可爱，毫不怕人，任凭勒达抚摸和搂抱，它的羽毛洁白，身体柔软，勒达爱不释手，心中充满陶醉与兴奋，不知不觉竟抱着天鹅进入了梦乡。她醒来时，天鹅恋恋不舍地离开了她，展开强壮的双翅飞向天空。勒达回到王宫后身体感到不舒服，不久发现竟怀孕了。等到十月怀胎期满，生下一对孪生子。就是后来成为双子星座的希腊英雄卡斯托尔和波吕丢克斯。后来，勒达遵从父王之命，嫁给

了斯巴达国王廷达瑞俄斯为妻，又生了两个女儿，一个叫吕夫涅斯特拉，嫁给了特洛伊战争中希腊人的最高统帅阿伽门农；一个叫海伦，嫁给了阿伽门农的弟弟墨涅拉俄斯。宙斯回到天庭后，非常高兴，为纪念这次罗曼史，就把他化身的天鹅留在了天上，成为天鹅星座。

说到天鹅座，我们不能不提一下其中的两颗星。

第一颗就是著名的天鹅座 RR 型变星，它是一颗短周期造父型变星，其亮度变化的原理类似仙王座 δ 星（即"造父一"，参见仙王座的星座介绍），只是周期很短，只有 0.05～1.5 天。

另一颗星，称为天鹅座 χ-1 星，这是一个有名的"X 射线源"。一直令全世界天文学家们十分感兴趣的"黑洞"这种天体，本身不会发光，因此无法直接观测到。但是当任何物质落入"黑洞"时，都会释放出 X 射线。根据这一效应，宇宙中的某些 X 射线，很可能源自某一黑洞对外界物质的吞噬，因此宇宙中的 X 射线源就成为天文学家们关注的热点。天鹅座 χ-1 星，就是一个典型的 X 射线源，因此天文学家们推测它很可能就是一颗具有黑洞性质的天体。

天鹅座也有一个十分著名的流星雨，就是火流星，一般出现在 8 月的下旬，最旺盛期在 8 月 20 日，辐射点在 k 星附近，流星末端常可见到明亮的爆发，在夏夜天空十分醒目。

* 天琴座（Lyra）

缩写：Lyr

象征物：竖琴

赤经：19h

赤纬：+40°

面积：286 平方度

位次：第 52 位

亮星数目：1（星等 < 3）

最亮星：天琴座 α 星（织女星）（视星等 0.03）

邻接星座：天龙座、武仙座、狐狸座、天鹅座

最佳观测月份：8 月（纬度变化位于 +90° 和 -40° 之间可全见）

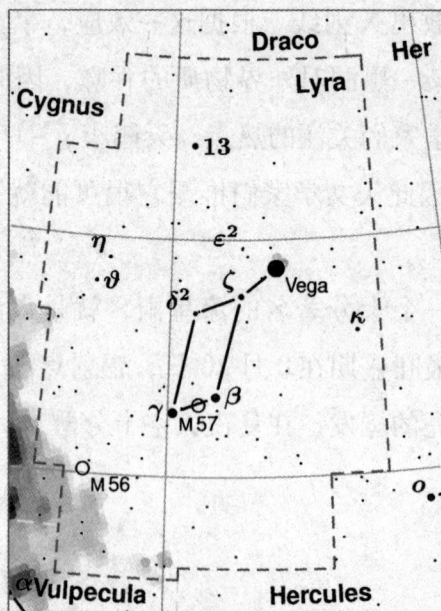

天琴座

在夏季晴朗的夜晚，银河的西岸有一颗十分明亮的星，它和周围的一些小星一起组成了天琴座。

天琴座在天龙座、武仙座和天鹅座之间。别看这个星座不大，它在天文学上可非常重要，而且在很多国家还流传着它的一些动人传说。在古希腊，人们把它想象为一把七弦宝琴，这便是太阳神阿波罗送给俄耳甫斯的那个令无数人心醉神迷的金琴。直到今天，每当人们仰望它时，仿佛仍有几曲仙乐从天际流淌下来。我国古代则把天琴座中最亮的那颗 α 星叫做织女星，这个典故来源于"牛郎织女"这个美丽的神话故事，在我国可谓是尽人皆知。而在织女星旁边，由四颗暗星组成的小小菱形就是织女织布用的梭子。

织女星的视星等为 0.05m，是全天第五亮星。它离我们 26 光年远，是第一颗被天文学家准确测定距离的恒星。记得我们说过，由于岁差，北极星总是轮流值班的。再过 12000 年，织女星就会成为那时的北极星了。到时候，天琴座肯定比现在还重要。

天琴座最亮的星为天琴 a 星——"织女一"，也就是我们常说的"织女星"，英文名为 vega，源自于阿拉伯语的"俯冲而下的秃鹰"。其亮度 0.03，呈蓝白色，距地球 25 光年，是全天第五亮星，在北天球排名第二，仅次于牧夫座的"大角"星，亮度有太阳的 25 倍。

在织女星周围还有一些较暗的星星，其中较明显的是其东南方由四颗二等以下的星构成的小菱形，相传是织女织布用的梭子，其中西南角的天琴 b 星"渐台二"是一颗双星，而其主星亦是一

颗食变星，亮度介于 3.3 和 4.4 之间，周期为 12 日又 22 小时。它是几乎靠在一起的两颗星，互相旋转而喷出气体，这两颗星彼此因重力而压扁，并发生连续变光，食始和食终的时间不太清楚，在宇宙中还有其他同类的这种变星，称为"天琴座 b 型变光星"。观测时，可以天琴 g（亮度 3.24）以及天琴 k（亮度 4.33）来比较，小型望远镜可见到其 7.2 等的远距伴星。

在天琴座菱形四星中，东北角的天琴 d 星"渐台一"则是一颗远距双星，两星并无关联，为光学双星，一颗为亮度 4.3 的红巨星，另一颗为亮度 5.6 的蓝白色恒星，可用双筒望远镜区分，天气好时，肉眼亦依稀可以辨别。

此外在织女星东北不远处有一颗天琴 e 星"织女二"，这颗星是双重双星，也就是所谓的四合星，视力良好的人或用双筒望远镜可见到一对 5 等星，若用口径 6 至 7.5 的望远镜，在高倍下可看到这两颗星都是紧密双星，较宽的一对分别是 5.0 及 6.1，彼此环绕周期为 1000 年；另一对是 5.2 及 5.5，绕行周期为 600 年，四颗星距地球约 130 光年。

像狮子座一样，天琴座里面也有一个很著名的流星雨。它出现于每年的 4 月 19～23 日，其中尤以 22 日最壮观。世界上关于它的最早记录，出现在我国古代的典籍《春秋》里，它生动地记载了公元前 687 年天琴座流星雨的爆发："夜中，星陨如雨"。四月下旬，天琴座在凌晨四五点的时候升到天顶，要想更清楚地看到流星雨，就得早起了。

*天鹰座（Aquila）

缩写：Aql

象征物：宙斯化作的雄鹰

赤经：18h41m~20h

赤纬：-11.9°~+18.7°

面积：652平方度

位次：第22位

亮星数目：（星等<3）3

最亮星：天鹰座α星（牛郎星，河鼓二）（视星等+0.77）

邻接星座：天箭座、武仙座、蛇夫座、巨蛇座、盾牌座、人马座、摩羯座、宝瓶座、海豚座

最佳观测月份：8月（纬度变化位于+85°和-75°之间可全见）

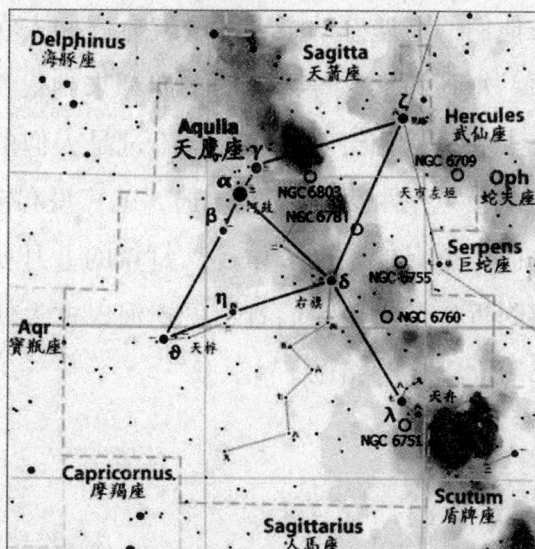

天鹰座

天鹰座位于天琴座和天鹅座的南面。在希腊神话中它曾是宙斯为了纪念自己化作的一只雄鹰而设立的星座。天鹰座在中国传统的星官中相当于河鼓、右旗、天桴、天弁等。古阿拉伯人把天鹰座和天琴座看作是两只雄鹰，欧洲人称天鹰座α星为"飞鹰"，天琴座α星则是"落鹰"。天鹰座是个新星多发区，1918年曾出现过一颗仅次于全天最亮的天狼星的亮度的新星，天鹰座V603。

在银河东岸与织女星遥遥相对的地方，有一颗比它稍微暗一点儿的亮星，它就是天鹰座α星，即牛郎星，又称河鼓二，是全天第十二亮星，视星等为0.77m。它和天鹰座β、γ星的连线正指向织女星。我国古代把β、γ星看作是牛郎用扁担挑着的两个孩子，他正奋力追赶织女呢。可惜狠心的王母娘娘拔下头上的金簪迎空一划，瞬时间一条天河从天而降，硬是将这一对爱人永远分隔了，而这条河便是银河。

传说后来他们的遭遇感动了上苍，就允许俩人在每年的七月初七见一次面。每到那天，普天下的喜鹊都来到银河边，搭起一座鹊桥，让夫妻俩渡河相会。其实，这不过是人们的美好愿望罢了。牛郎星和织女星相距达16光年之遥，就算没有银河阻隔，两人要想见上一面，也只能是在梦中了！每年的七月初七，半个月亮正漂在银河附近，月光使我们看不见银河，古人便以为这时天河消逝，牛郎织女于此时相见了。

*狐狸座（Vulpecula）

缩写：Vul

象征物：狐狸

赤经：20h

赤纬：25°

面积：268 平方度

位次：第 55 位

亮星数目：（星等 < 3）0

最亮星：狐狸座 α 星（视星等 4.44）

邻接星座：天鹅座、天琴座、武仙座、天箭座、海豚座、飞马座

最佳观测月份：9 月（纬度变化位于 +90° 和 −55° 之间可全见）

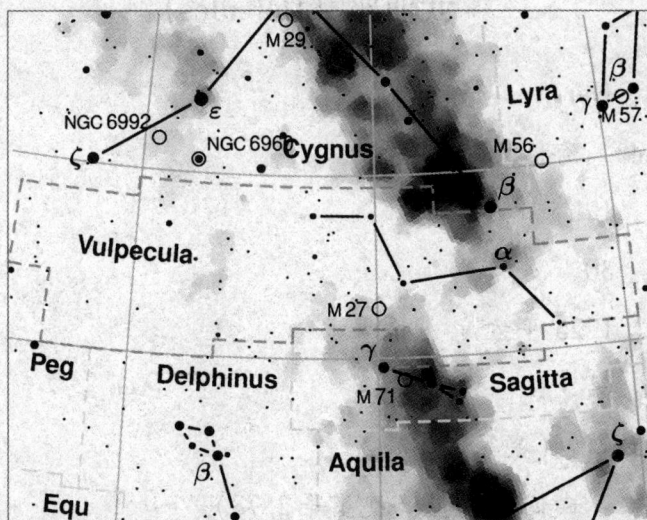

狐狸座

狐狸座位于天鹅座以南，天箭座与海豚座以北。这个微弱的星座位于银河一个明亮的区域，因此，它显得难以观测。

尽管这个区域看起来很不显眼，但使用双筒望远镜或小型望远镜可以发现这是一个有趣的天区。这里有一个梅西耶天体 M27，也就是狐狸座的"哑铃星云"。这个星云在满布恒星的星空背景中仍显得很突出，它的形状像两个圆锥顶对顶对接起来的哑铃，因此被称为哑铃星云。在全天的行星状星云中，狐狸座哑铃星云无疑是最美丽的一个，它列于梅西耶星团星云表的第 27 位，故又称 M27 星云。由于较大的行星状星云均比较暗，而最亮的行星状星云又很小，因此狐狸座的哑铃星云就成为最容易观测的行星状星云了。在天箭座 γ 星以北 3°处很容易找到 M27。狐狸星云视星等为 7.6 等，用口径 6 英寸的望远镜观看，显得非常清晰美丽。

*武仙座（Hercules）

缩写：Her

象征物：海格力斯

赤经：17h

赤纬：30°

面积：1225 平方度

位次：第 5 位

亮星数目：（星等<30）2

最亮星：武仙座 β 星（视星等 2.78）

邻接星座：天龙座、牧夫座、北冕座、巨蛇座、蛇夫座、天

鹰座、天箭座、狐狸座、天琴座

最佳观测月份： 7 月（纬度变化位于 +90°和 -50°之间可全见）

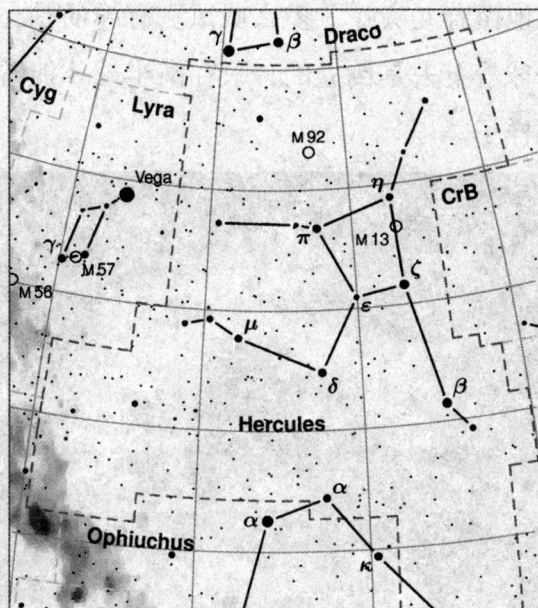

武仙座

　　在牧夫座大角和天琴座织女星的连线上有两个星座，一个是北冕座，另一个靠近织女星的就是武仙座。武仙座是夏季夜晚星空中的一个大星座，也是全天第五大星座。它位于天龙座之南，蛇夫座以北，天琴座与北冕座之间，紧跟着北冕圆环。武仙座范围虽然较大，可惜星座中的星都不很亮，全由 3、4 等星组成。1934 年在武仙座中曾发现一次新星爆发，它的亮度达到 1 等，可现在已变成暗星了。1960 年和 1963 年又连续发现星座中有新星爆发，只是亮度不如 1934 年的那颗新星亮。

　　在希腊神话中，武仙是大力士赫拉克勒斯，他奉迈锡尼国王

尤里斯修斯的命令，完成 12 项艰难的任务，是希腊著名的大英雄。在武仙座的星图上，赫拉克勒斯右腿半跪，右手高举着大木棒，左手紧紧地攥着九头蛇，多么威风。有趣的是，赫拉克勒斯的形象在北半球看上去是倒立的，只在南半球才能看到和这张星图一样正立的样子。

夜空中的武仙座

武仙座具有很多双星。武仙座 α，由一个红巨星和一个 5 等的蓝绿色恒星组成。还有武仙座 δ、κ 和 ρ 都是双星系统。在武仙座 η 星和 ζ 星之间靠近 η 星的地方，有一个著名的球状星团 M13，亮度相当于 4 等。1934 年，在这个武仙座中曾观测到一次十分耀眼的新星爆发，它的亮度曾达到 1 等。该星团距离 22500 光年，直径 100 光年，成员星 300000，越到里面星越密集，到了中心恒星的密度已经是太阳系附近恒星密度的几百倍了，是北天最亮的星团。另一个星团是 M92，距离 25000 光年，可以用双目望远镜观测到，在它的核心，恒星的密集程度要超过 M13。

在武仙座 η 星和 ζ 星之间靠近 η 星的地方，有一个著名的大星系团，它就是武仙座星系团。它的亮度相当于 4m，所以在晴朗无月的夜晚我们可以看到它。这个大星系团离我们 34000 光年，它呈球形，直径有 100 多光年，越到里面星越密集，到了中心恒星的密度已经是我们太阳系附近恒星密度的几百倍了。天文学家估计它的成员有一百多万个，其中很多在大型望远镜里都看不到。

武仙座是夏初的星座，从五月上旬一直到十月上旬都可在天空中看到它的身影。在天空的行经路线自东北东方升起，经天顶再经由西北西方落下。在天空的行经路线自东北东方升起，经天顶再经由西北西方落下。

＊蛇夫座（Ophiuchi）

缩写：Oph

象征物：捕蛇人/治病术士

赤经：17h

赤纬：0°

面积：948 平方度

位次：第 11 位

亮星数目：（星等＜3）5

最亮星：蛇夫座 α 星（视星等 2.1）

邻接星座：武仙座、巨蛇头、天秤座、天蝎座、人马座、巨蛇尾、天鹰座

最佳观测月份：7 月（纬度变化位于 +80° 和 −80° 之间可全见）

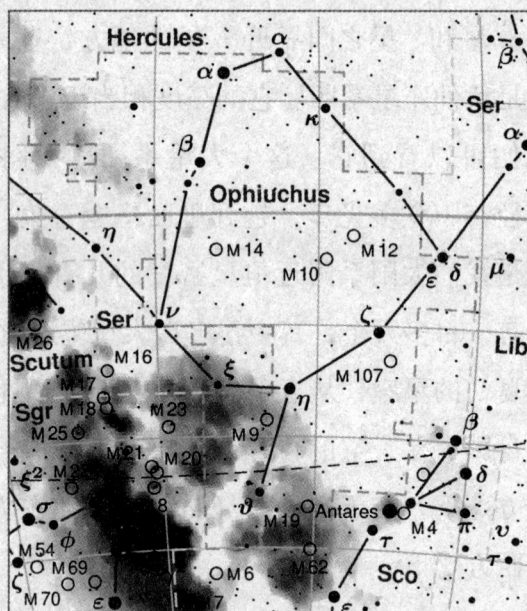

蛇夫座

蛇夫座位于武仙座以南，天蝎座和人马座以北，银河的西侧。蛇夫座是星座中唯一一个与另一星座——巨蛇座交接在一起的，同时，蛇夫座也是唯一一个兼跨天球赤道、银道和黄道的星座。蛇夫座既大又宽，形状长方，天球赤道正好斜穿过这个长方形。尽管蛇夫座跨越的银河很短，但银河系中心方向就在离蛇夫座不远的人马座内。银河在这里有一块突出的部分，形成了银河最宽的一个区域。

在古代星图中，把蛇夫座画成一个手持巨蛇的人，代表古代神医亚斯克雷比奥斯。蛇夫座中最亮星蛇夫座α，是颗视星等为2.08 等的白色巨星（A5Ⅲ），绝对星等为 0.96 等，距离为 54 光年。蛇夫座 β，是视星等为 2.77 等的红巨星（K2Ⅲ），距离99 光年，绝对星等为 -0.1 等。在它的东北 15°的地方有一个很大但星数稀少的疏散星团。

在希腊神话中，蛇夫座是双手抓着巨蛇的亚斯克雷比奥斯，他是医学之神，是阿波罗和可罗妮丝之子的象征。当可罗妮丝被金鸟害死时蛇夫曾尝试使她复活，后来被脾气暴躁的地狱之神知道了，认为他违背天条，于是用雷将亚斯克雷比奥斯击毙。但是他救死扶伤的伟业是不容忽视的，于是宙斯将他加入了星座，就这样子蛇夫座诞生了。

蛇夫座最引人注目的地方是一颗肉眼看不见的星。这颗星在蛇夫座 β 星的东边，视星等仅为 9.5m，它是由美国科学家巴纳德于 1916 年首先发现的，天文学家就以发现者的名字命名它为巴纳德星。

巴纳德星之所以为人所瞩目，是因为它有几点与众不同的地方。首先是"近"，它离我们太阳系只有 5.87 光年，是距我们第二近的恒星。其次是自行大，一般恒星的自行一年还不到 1 秒角度，牧夫座的大角算是自行比较显著的，一年也才不到 2 秒，而巴纳德星的自行一年是 10.3 秒，这相当于只需 180 年，它就可在天上移动一个月亮直径的距离！这是人们已知的自行最大的恒星了。有趣的是，巴纳德星现在正向着我们太阳系的方向运行，照这样下去，再过几千年，它就成了离我们最近的恒星了。巴纳德

星第三个也是最吸引人的地方是，这颗恒星周围很可能有行星在围绕着它旋转呢！

＊盾牌座（Scutum）

缩写：Sct

象征物：盾牌

赤经：19h

赤纬：－10°

面积：109 平方度

位次：第 84 位

亮星数目：（星等＜3）0

最亮星：盾牌座 α 星（视星等 3.85）

邻接星座：天鹰座、人马座、巨蛇座

最佳观测月份：8 月（纬度变化位于＋80°和－90°之间可全见）

　　盾牌座位于人马座、巨蛇座和天鹰座之间的银河中。盾牌座中亮于 5.5 等的恒星有 9 颗，其中两颗最亮的星为 4 等星。每年 7 月 1 日子夜，盾牌座的中心经过上中天。在北纬 74 度以南的广大地区可看到完整的盾牌座；在北纬 84 度以北的地区则看不到该星座。

　　波兰天文学家赫维留于 1690 年划定了这个星座，为的是纪念波兰国王索别斯基三世于 1683 年率领军队抗击土耳其军队，从而保卫了维也纳。所以他设想的星座图形是一面绘有盾徽的盾牌，但实际上看不出任何具体的盾牌形象。

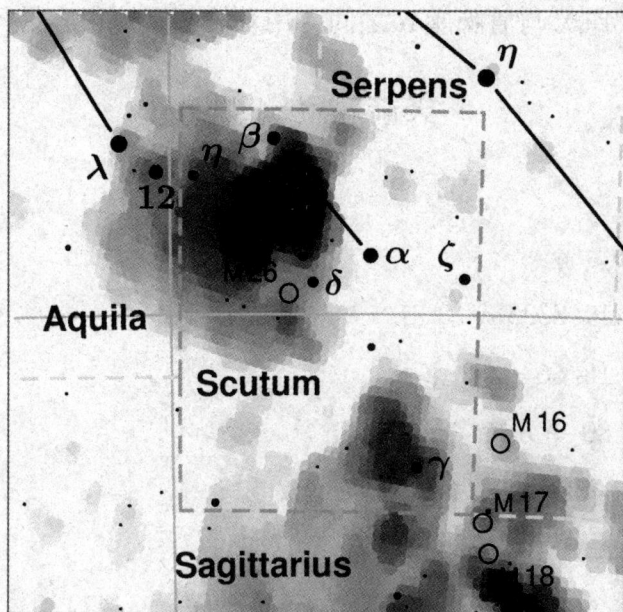

盾牌座

盾牌座中最有名的星是盾牌座 δ 星，中文名"天弁二"。它是一类短周期脉动变形的典型，即常说的盾牌 δ 型变星，盾牌座 δ 的亮度极大时为 4.6 等，极小时为 4.79 等，光变周期为 0.193769 天，即 4 时 39 分 1.7 秒。

盾牌座中有一些星云、星团，最著名的是 M11（NGC6705）疏散星团，是德国天文学家基希于 1681 年首先发现的。英国一位天文学家认为它好像一只飞翔的野鸭，因此又称野鸭星团。它是已知最致密的疏散星团，其中大约有 500 颗恒星，距离地球 5500 光年，视亮度为 6.3 等，视直径为 12.5 角分，线直径约 18 光年。由于星团的恒星比较密集，用小口径的望远镜看有点像星云，只有 30 厘米口径以上的望远镜才可以将 M11 里的恒星分解开来。

它位于天鹅座 λ 与盾牌座 α 之间，用双筒望远镜很容易找到。

* 天箭座（Sagitta）

缩写：Sge

象征物：箭

赤经：19.8333h

赤纬：18.66°

面积：80 平方度

位次：第 86 位

亮星数目：（星等 <3）0

最亮星：天箭座 γ 星（左旗五）（视星等 3.47）

邻接星座：狐狸座、武仙座、天鹰座、海豚座

最佳观测月份：8 月（纬度变化位于 +90° 和 -70° 之间可全见）

天箭座位于天鹅座和天鹰座之间的银河里，是全天第三小的星座（只有小马座和南十字座比它更小）。星座里面也没有亮星，所以很难识别。它四颗最亮的 4m 星构成了一支短短的箭，正与天鹰座的那根"扁担"垂直。

传说普罗米修斯盗取天火来到人间，并用天火造福人类，因而备受人们的尊敬。后来，他受到天神宙斯的不公正的惩罚，被钉在高加索山顶的峭壁上，宙斯还派了一只秃鹰每天去折磨他。一天，大英雄赫拉克勒斯来到高加索山脚下，看到普罗米修斯被钉锁在峭壁上受秃鹰折磨的情景，决心解救他。赫拉克勒斯弯弓搭箭射死秃鹰，解救了普罗米修斯，使他重新登上奥林匹斯圣山。

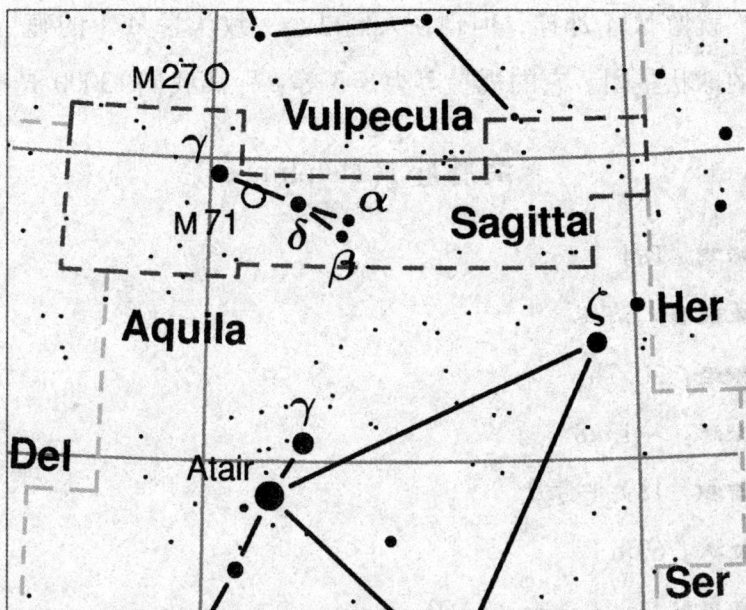

天箭座

后来，为了褒奖赫拉克勒斯的这一功绩，众神将他射杀秃鹰的箭带上天空，这就是天箭座的来历。

在天箭座有一个星叫分光双星，分光双星是指通过对某天体谱线位置变化的观测分析，能判断出的双星。因为这类双星的两颗子星间的距离很近，绕转周期也很短（大部分小于 10 天）。因此，通过望远镜，用肉眼或照相方法都不能分辨出它们的两颗子星。

天箭座还有个著名的球状星团——M71，M71 在天箭座 γ 星与 δ 星之间。它是一个亮度为 9 等、视直径为 6 角分的较为稀疏的球状星团。由于视直径过小，从双筒镜里看去如同星云的形状。有很长一段时间，许多天文学家认为 M71 更像是一个致密的疏散

星团，就像 M11 那样，但现在人们已经一致认为 M71 的确是个较松散的球状星团。它的视星等为 8.3 等，距离我们 13000 光年。

＊海豚座（Delphinus）

缩写：Del

象征物：海豚

赤经：20.7h

赤纬：+13.8°

面积：189 平方度

位次：69th

亮星数目：(星等<3) 0

最亮星：海豚座 β 星（瓠瓜四）（视星等 3.63）

邻接星座：狐狸座、天箭座、天鹰座、宝瓶座/小马座/飞马座

最佳观测月份：7 月（纬度变化位于 +90°和 −70°之间可全见）

海豚座是个既小又暗的星座，位于秋季四边形和牛郎星（天鹰座）之间靠近牛郎星的地方。座内 α、β、γ、δ 四星构成了一个小小的菱形。海豚座中亮于 5.5 等的恒星有 11 颗，最亮星为瓠瓜四（海豚座 β），视星等为 3.63。每年 7 月 31 日子夜海豚座中心经过上中天。

在我国古代神话中，传说这个菱形是织女和牛郎分手时，织女留给牛郎的自己织布用的梭子。

在西方，关于海豚座有很多传说，其中希腊神话中就有关于

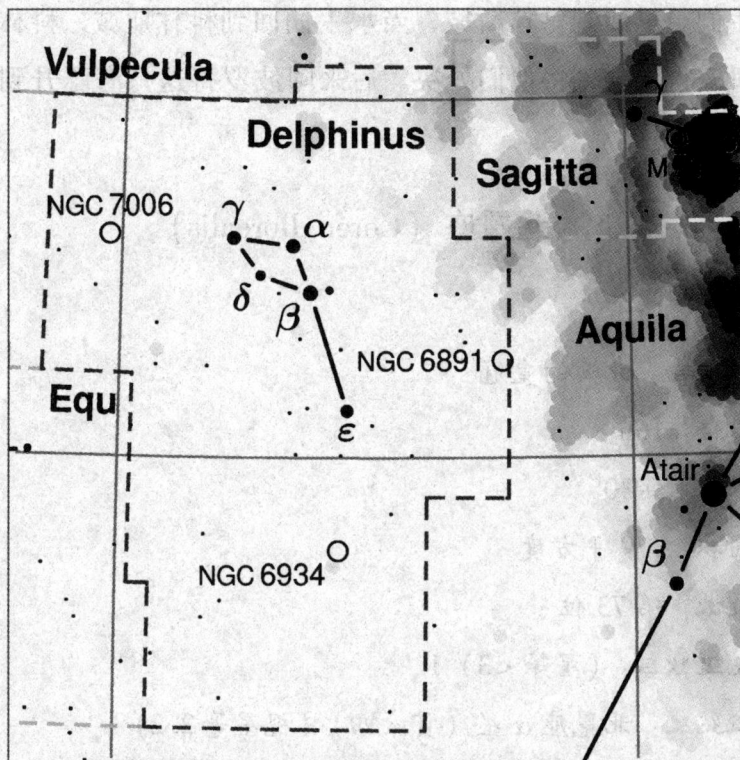

海豚座

海豚座的相关记载。

　　传说科林斯城的亚力恩是一位诗人兼音乐家，一次参加西西岛上所举行的音乐大赛获得冠军及一笔奖金，他高兴地唱着歌搭船返航，由于他的歌声实在太优美了，吸引了一只海豚一直尾随着，回航途中水手们起了贪念，打算杀死亚力恩夺取所有奖品。亚力恩要求在临死前高歌一曲，他在歌中祈求太阳神阿波罗保护。阿波罗派了那条海豚去救他，在亚力恩唱完歌跃下水后，海豚背着他游回科林斯城。

　　当亚力恩醒来时发现自己在岸上，岸边还有一只海豚，而且

比水手们更早回到科林斯城，当水手们回到科林斯城，科林斯国王佩里安得便立刻将他们处决。后来阿波罗将这只海豚升到天上成为海豚座。

* 北冕座（CoronaBorealis）

缩写：CrB

象征物：北天的皇冠

赤经：16h

赤纬：+30°

面积：179 平方度

位次：第 73 位

亮星数目：（星等 <3）1

最亮星：北冕座 α 星（贯索四）（视星等 2.2）

邻接星座：武仙座、牧夫座、巨蛇座

最佳观测月份：7 月（纬度变化位于 +90° 和 −50° 之间可全见）

北冕座是北天星座之一，它位于牧夫座和武仙座之间。星座内目视星等亮于 6 等的星有 29 颗，其中亮于 4 等的星有 5 颗。星座主要的 7 颗星排列在一个圆弧上，像一顶镶嵌宝石的冠冕。

在天琴座织女星和牧夫座大角连线靠近大角的地方，有一颗 2.4m 星，它就是北冕座 α 星。座内的七颗小星构成的一个美丽华冠，这正是酒神送给阿里阿德涅的新婚礼物——那顶镶嵌着七颗宝石的冠冕，α 星则是花冠上最大最亮的一颗宝石。

在北冕座中有许多星系，而且这些星系很集中，在一个和月

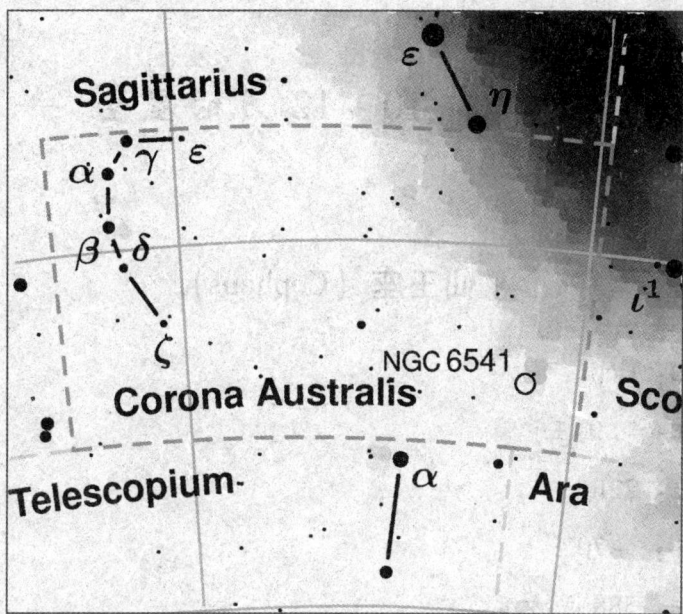

北冕座

亮同样大小的区域内大约有 400 多个星系聚集在一起，成为一个很大的星系团。北冕座星系团多半由椭圆星系组成，它比由各种星系混合体组成的不规则星系团（如武仙座星系团）年轻许多。

第四节　10~12月的星空

*仙王座（Cepheus）

缩写：Cep

象征物：国王

赤经：22h

赤纬：+70°

面积：588 平方度

位次：第 27 位

亮星数目：（星等<3）1

最亮星：仙王座α星（天钩五）（视星等2.44）

邻接星座：小熊座、天龙座、天鹅座、蝎虎座、仙后座、鹿豹座

最佳观测月份：11 月（纬度变化位于 +90°和 −10°之间可全见）

　　仙王座于北极附近，夹在仙后、小熊、天鹅与天龙座之间，由于其位于天球60°~90°，在低纬度及南半球的国家不易看见。

　　在希腊神话中，仙王座是埃塞俄比亚的国王，是仙后座的丈夫，也是仙女座的父亲。仙王座中最亮的星也还不到2m，所以要找到它并不是很容易。延长秋季四边形中飞马座的α和β星可以一直找到北极星，在半路上有五颗亮星组成的五边形，很像一座有尖斜屋顶的房子，很容易认出。其中最亮的 α 星视星等为 2.5m，由于岁差，在公元 5500 年的时候，它将成为那时的北极星。仙王座的另一部分则直"奔"北天极，对北极星采取半包围的态势。除北极星自身所在的星座（小熊座）外，仙王座是最靠近北极星的了。

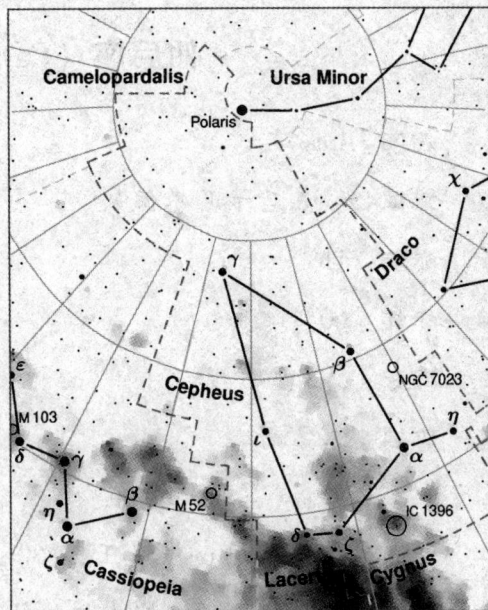

仙王座中有许多变星，其中最引人注目的是 δ 星，

仙王座

我国古代管它叫造父一（造父是我国古代传说中一位善于驾驶马车的人），是仙王座中的第四颗星，位于仙王的鼻尖上。造父一的变光周期非常准确，为 5 天 8 小时 46 分钟 39 秒，最亮时是 3.5m，最暗时为 4.4m，它最亮时呈白色，最暗时呈黄色，是典型的脉动变星。天文学家称它们为"造父变星"。

仙王座中最美丽的天体是彩虹星云（NGC7023），位于 1300 光年远的仙王座恒星丰产区，星云物质围绕在一颗大质量、炽热，显然尚处于形成阶段的年轻星球，泄漏机密的红色辉光，在恒星明亮的中心区两侧告诉我们，那里有大量的氢原子被来自于恒星看不见但强烈的紫外光照耀激发。

＊仙后座（Cassiopeia）

缩写：Cas

象征物：王后卡西奥佩娅

赤经：1h

赤纬：60°

面积：598 平方度

位次：第 25 位

亮星数目：（星等＜3）4

最亮星：仙后座 α 星（王良四）（视星等 2.23）

邻接星座：仙王座、蝎虎座、仙女座、英仙座、鹿豹座

最佳观测月份：11 月（纬度变化位于 +90° 和 -20° 之间可全见）

仙后座位于仙王座以南，仙女座之北，与大熊座遥遥相对，因为靠近北天极，位于恒显圈内，所以终年都可看到，尤其是秋天的夜晚特别醒目。仙后座的五颗亮星构成"M"形状，在天空中格外明显，所以找寻起来并不困难。

传说仙后座是埃塞俄比亚国王克甫斯的王后卡西奥佩娅的化身。因为王后常在人们面前夸耀自己和女儿（安德洛墨达）是世界最美的女人，连海神的女儿涅瑞伊得斯也不如她们，因而激怒了海神（波塞冬）。国王和王后不得不将爱女献给海王，幸好被英雄珀尔修斯所救。后来，海神被他们所感动，把国王和王后都升到天界，成为星座。王后在天上深感狂妄夸口不好，所以成为仙后座后，仍然高举双手，弯着腰以示悔过，绕着北极转呀转，

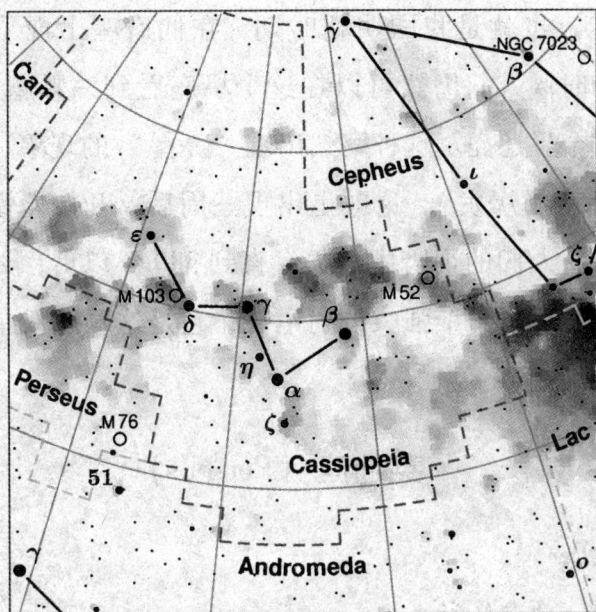

仙后座

相信人们都会原谅她那无知造成的过错。

　　仙后座是一个可与北斗星媲美的星座，其中可以用肉眼看清的星星至少有一百多颗，但特别明亮的只有六七颗。向北延长秋季四边形的飞马座 γ 星和仙女座 α 星，有一颗明亮的 2m 星，这就是仙后座 β 星。仙后座中最亮的 β、α、γ、δ 和 ε 五颗星构成了一个英文字母"M"或"W"的形状，开口朝向北极星，因此，仙后座也是找寻北极星的重要标志之一。

　　仙后座的"W"与北斗七星隔北极星遥遥相对，所以当秋季仙后座升到天顶的时候，北斗正在天空最低处，这时在我国南方甚至都看不见它了。没有北斗，我们可以连接 δ 星和 ε 与 γ 星的中点，向北延伸，就能找到北极星了。

1572 年，也就是我国明朝时期，在仙后座出现了一个怪现象，白天的时候人们仍然可以在这个星座看到一颗耀眼的星星，它最亮时比金星还亮。这种突然出现"亮星"的现象，在天文学上称为"超新星爆发"。这颗星出现三周后，开始慢慢变暗，17个月后它才从人们的视野中消失。直到 380 年以后，天文学家在这个位置上发现了一个强大的射电源，它是这颗超新星爆发后的余迹。

* 英仙座（Perseus）

缩写：Per

象征物：珀尔修斯

赤经：3h

赤纬：45°

面积：615 平方度

位次：第 24 位

亮星数目：（星等＜3）5

最亮星：英仙座 α 星（天船三）（视星等 1.79）

邻接星座：仙后座、仙女座、三角座、白羊座、金牛座、御夫座、鹿豹座

最佳观测月份：12 月（纬度变化位于 +90° 和 −35° 之间可全见）

英仙座是著名的北天星座之一，每年 11 月 7 日子夜英仙座的中心经过上中天。

北天星座在地球南纬 31 度以北居住的人们可看到完整的英仙

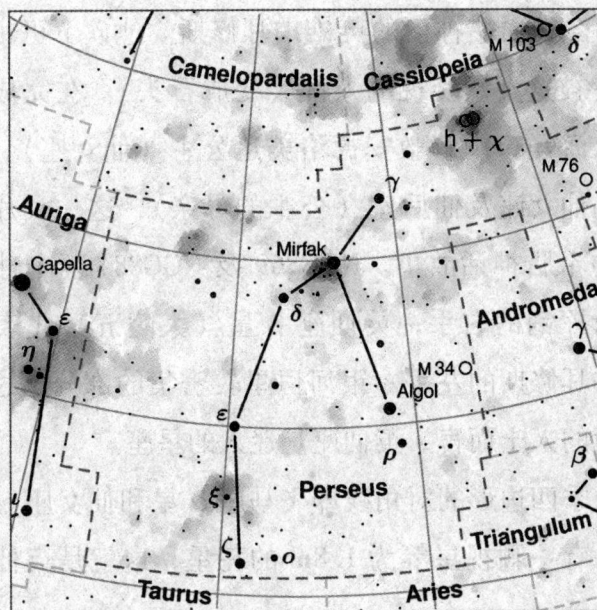

英仙座

座。英仙座位于仙后座、仙女座的东面。每年秋天的夜晚,观察者可在北天找到易见的仙后座,或者找到位于飞马星座大四方形东北方的仙女座,然后沿着银河巡视,很容易找到由几颗二到三等的星排列成一个弯弓形或"人"字形的英仙座。

NGC1275星系是英仙座星系团中的主要星系,英仙座是由很多可见的星系组成。在可见光中,NGC1275星系显示出两个截然不同星系之间的一个壮观的碰撞。这个星系群也能放射出X射线。上面显示的不寻常的气体纤维是在一种由氢发出的,具有非常特殊颜色的光。可能纤维的形成包含了两个星系碰撞的详细资料,或者二选一,银河系中心黑洞和周围内在星团气体的交互作用

英仙座象征希腊神话的英雄珀耳修斯。他砍下可怕的女妖美杜莎的头（被这女妖凝视的人都会变成石头）。在完成任务的归途中，又从海怪口中解救安德洛美达公主（仙女座）。在星空中英仙座紧临仙女座及仙后座（公主的母亲），这一大片星空叙述这个著名的希腊神话故事。NGG869 及 NGG884 两个球状星团代表珀耳修斯挥剑的右手；英仙座 β 星（大陵五）代表美杜莎的头，提在珀耳修斯的左手。银河恒星较密集的部分通过此处，对使用双筒镜的人士而言，英仙座是迷人的星座。

延长秋季四边形的对角线即飞马座 α 星和仙女座 α 星到两倍远的地方，有一颗视星等为 1.8m 的亮星，这就是英仙座中最亮的 α 星。

从星图上看，英仙座最显著的标志就是由 η 星开始，经过 γ、α、δ、ε 星，一直到 ξ 和 ζ 星所画的这条大弧线，人们称它是"珀耳修斯之弓"。

由大弧线两端的 η 星和 ζ 星连成的弦的中央是英仙座 β 星，我国古代称作大陵五。如果把整个英仙座的亮星，想象成英武的珀耳修斯的话，大陵五正可以看作是他手里提着的，美杜莎头上那看一眼就会使人变成石头的魔眼，所以西方人又称它是"魔星"。

其实，叫它魔星还有一个更重要的原因，那就是它的亮度会变，忽明忽暗，简直就像是一颗神秘莫测的魔眼。大陵五的亮度变化非常有规律，每隔 2 天 20 小时 49 分钟，它的亮度就从 2.3m 到 3.5m 然后再到 2.3m，变化一个周期。古代阿拉伯人把大陵五叫做"林中魔王"，可见，那时他们似乎就已经注意到它的变光现象了。

延长英仙座大弧线顶端的 γ 和 η 星到一倍远的地方，仔细观察，这里有一块模糊的光斑。其实，这是两个疏散星团，由于它们离得很近，就像双星一样，形成了一个双重星团。

英仙座星系团

M34 疏散星团，距离地球约 1400 光年，用双筒镜或小型望远镜可见，大小和满月差不多，星团中最亮的恒星为 7 等。NGC869 和 NGC884（英仙座 η 和 χ 双重星团）位于英仙座中，是两个疏散星团，肉眼可见，用双筒镜或小型望远镜能看得很清楚，两者均和满月差不多大小。

英仙座流星雨是北半球三大流星雨之一，也是人类历史上最早有观测记载的流星雨之一。英仙座流星雨每年固定在 7 月 17 日到 8 月 24 日这段时间出现，它不但数量多，而且几乎从来没有在

夏季星空中缺席过。

*飞马座（Pegasus）

缩写：Peg

象征物：张开翅膀的神马

赤经：23h

赤纬：15°

面积：121 平方度

位次：第 7 位

亮星数目：（星等 < 3）5

最亮星：飞马座ε星（危宿三）（视星等2.39）

邻接星座：仙女座、蝎虎座、天鹅座、狐狸座、海豚座、小马座、宝瓶座、双鱼座

最佳观测月份：11 月（纬度变化位于 +90°和 –65°之间可全见）

飞马座是北天星座之一，也是全天第七大星座。位于仙女座西南，宝瓶座以北。飞马座的主要特征是一个很大的四方形。这个四方形在天空的位置非常重要，因为它的每一个边代表着一个方向，看到这个四方形，就可确定东南西北四个方向。四方形的东面一条边，大体上在春分点与北天极的连线上，由这条边向南延长同样长度，便是春分点；向北延长约 4 倍距离，那就是北极星。四方形西面一条边向南延长约 3 倍距离，就到南鱼座的亮星北落师门；向北延伸约 4 倍距离，同样会找到北极星。可以说，飞马座的大三角在天空中起到了一个定位仪的作用。

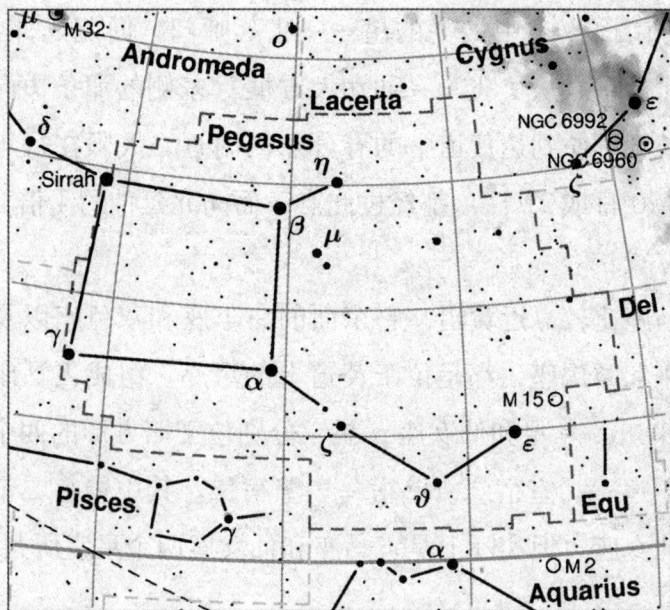

飞马座

关于飞马座有这样一个传说：当英雄珀尔修斯割下魔女美杜莎的头时，从魔女头里流出来的血泊中，跳出一匹长翅膀的白马柏加索斯。珀尔修斯骑上这匹飞马，救出了仙女安德洛墨达。后来，这匹飞马被天神宙斯提到天上，成为飞马座。所以现在英仙座、仙女座和飞马座总是连在一起的。

飞马座的大四边形是秋季星空中北天区中最耀眼的星象，它的四方框形，又叫做"飞马－仙女大方框"。方框东北角的那颗星是仙女座最亮的α星，这颗α星以及东北方向的部分星空就是仙女座。方框以及以西的较大一部分星空就是飞马座。飞马座还是六个"王族星座"之一。

从"飞马－仙女大方框"西侧的那条边向南延伸约3倍，会

碰到秋季南面夜空中最亮的星——北落师门；向北延伸约 4 倍，会碰到北极星。从"飞马－仙女大方框"东侧的那条边向南延伸同样的长度，便到达黄道上的春分点的附近，太阳在每年春分时（即 3 月 20 日或 21 日）都经过此点；而向北延伸约 4 倍，就是北极星的位置。

飞马座比较靠近黄道，它东面的白羊座和双鱼座以及西南面的宝瓶座和摩羯座，都是位于黄道上的星座。组成飞马座主体的四颗星 β、α、γ 星和仙女座 α 星，分别位于四方形的四个角，中国称为室宿一、室宿二、壁宿一、壁宿二。其中壁宿二最亮，它虽属于仙女座，但实际上是飞马座和仙女座两个星座所共有的。

＊小马座 （Equuleus）

缩写：Equ

象征物：马驹

赤经：21h

赤纬：10°

面积：72 平方度

位次：第 87 位

亮星数目：（星等＜3） 无

最亮星：小马座 α 星（虚宿二）（视星等 3.92）

邻接星座：水瓶座、海豚座、飞马座

最佳观测月份：9 月（纬度变化位于 +90° 和 -80° 之间可全见）

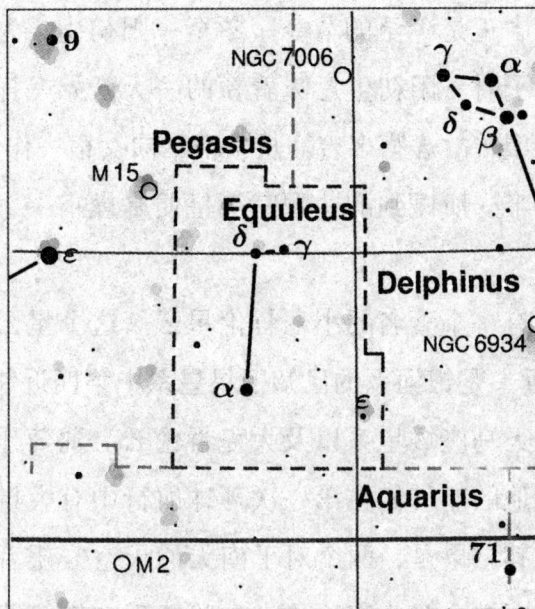

小马座

小马座是赤道带星座之一，在飞马座鼻子的西边，海豚座的东边，是所有星座中最小的一个。在秋季天空中，小马座是很不明显的一个星座，它看起来就像一个细长的三角形。公元2世纪由古希腊天文学家托勒密所划定。

关于小马座的由来有许多传闻，其中之一是，小马是奥林匹斯诸神的信使赫尔墨斯赠送给孪生英雄卡斯托尔的名马克勒利斯；还有一个传说是当海王和雅典娜在一次较技时，海王将他象征海权的三叉戟击向地球时创造了小马。

小马座内的星都很微弱，超过6等的星约有十颗左右，最亮的小马座α星（虚宿二）是4等星。α星在我国古代的星座图中位于虚宿，虚宿视为为北方第四宿，古人称为"天节"。当半夜

时虚宿居于南中正是冬至的节令。冬至一阳初生，为新的一年即将开始，如同子时一阳初生意味着新的一天开始一样，给人以美好的期待和希望，故虚宿多吉。从牛宿二向女宿一作假想的连线，并延长约一倍半，所碰到的一颗三等星便是虚宿一，它也属于宝瓶座。

在小马座有一个著名的小麦哲伦星云。这个星云距离我们大约21万光年远，是银河系的已知卫星星系中第四近邻的星系，仅次于大犬座和天马座矮星系以及大麦哲伦云。葡萄牙航海家斐迪南·麦哲伦和他的船员们在第一次环球航行中有大量的时间研究南天的星空。其结果是，两个对于南天的天空守望者来说轻易可见的天体奇观即被命名为麦哲伦云。我们现在知道这些太空云彩是不规则星系，是更大的漩涡星系银河系的卫星星系。小麦哲伦云实际跨度为15000光年左右，含有几亿颗恒星。

＊仙女座（Andromeda）

缩写：And

象征物：仙女

赤经：22h

赤纬：42°

面积：722平方度

位次：第19位

亮星数目：（星等＜3）3

最亮星：仙女座α星（壁宿二）（视星等＋2.1）

邻接星座：英仙座、仙后座、蝎虎座、飞马座、双鱼座、三角座

最佳观测月份：11月（纬度变化位于 +90° 和 −37° 之间可全见）

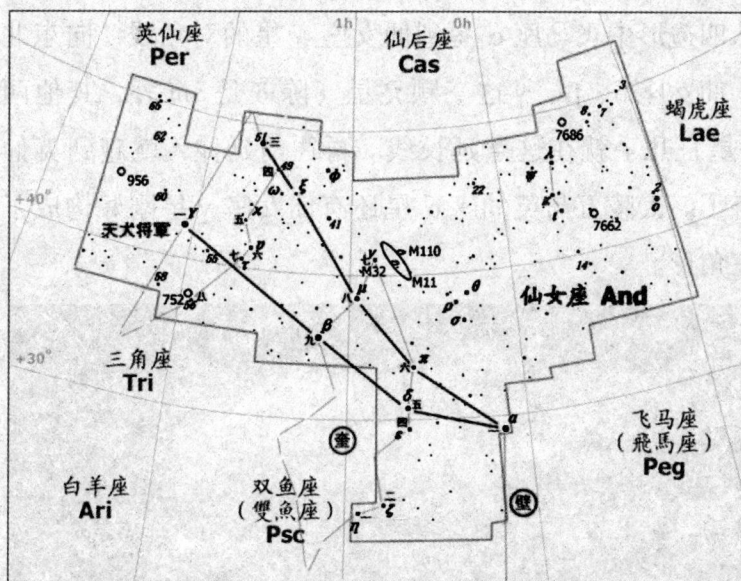

仙女座

仙女座位于大熊座的下方，飞马座附近，是秋季的著名星座。

在希腊神话中，安德罗墨达是埃塞俄比亚国王克甫斯和王后卡西奥佩娅的女儿，其母因不断炫耀自己的美丽而得罪了海神波塞冬之妻安菲特里忒，安菲特里忒要波塞冬替她报仇，波塞冬遂派鲸鱼座蹂躏依索匹亚，克甫斯大骇，请求神谕，神谕揭示解救的唯一方法是献上安德罗墨达。她被她的父母用铁索锁在鲸鱼座所代表的海怪经过路上的一块巨石上，后来英雄珀耳修斯刚巧瞥见惨剧，于是立时拿出蛇发魔女美杜莎的人头，将鲸鱼座石化，珀耳修斯杀死海怪，救出了她。后来，这位美丽的公主就成了仙

女座。

在前面介绍秋季四边形时，已经提到仙女座了（参见"飞马座"的星座介绍）。构成这个四边形的 α 星是仙女座中最亮的一颗，从四边形中飞马座 α 星到仙女座 α 星的对角线，向东北方向延伸，仙女座 δ、β、γ 这三颗亮星（除 δ 是 3m 外，其他两颗都是 2m 星）几乎就在这条延长线。再往前延伸，就碰到英仙座的大陵五了。大陵五与英仙座 α 星还有仙女座 γ 星刚好构成了一个直角三角形。

红外波段的仙女座

这颗仙女座 γ 星是个双星，其中主星是颗 2.3m 的橙色星，伴星为 5.1m 的黄色星。有趣的是，这颗伴星是个"变色龙"，从黄色、金色到橙色、蓝色，简直像个高明的魔术师一样变来变去。

在仙女座 υ 星附近，晴朗无月的夜晚，我们可以看到一小块青白色的云雾，这就是仙女座大星云——M31 星系，它也是本星系群中的最大成员之一。M31 是河外星系，是一个像银河系一样庞大的星系，距离我们大约 200 万光年，是肉眼可见的最远的天体。M31 曾一度被认为是星云，直到 1924 年其星系的身份才被哈勃确定下来。

仙女座大星云

　　仙女座流星雨也是最著名的流星雨之一，它在每年的 11 月出现，高峰在 11 月 20～23 日，它的辐射点在 γ 星附近。仙女座流星雨是比拉彗星头部分裂后出现的，它的回旋轨道是六年半绕一周，每两个周期即 13 年，流星最密集的地方与地球相遇，这时是观测流星雨的最佳时机。

＊三角座 （Trianguli）

缩写：Tri

象征物：三角形

赤经：2h

赤纬：30°

面积：132 平方度

位次：第 78 位

亮星数目：（星等<3）0

最亮星：三角座 β 星（天大将军九）（视星等 3.00）

邻接星座：仙女座、双鱼座、白羊座、英仙座

最佳观测月份：12 月（纬度变化位于 +90°和 −60°之间可全见）

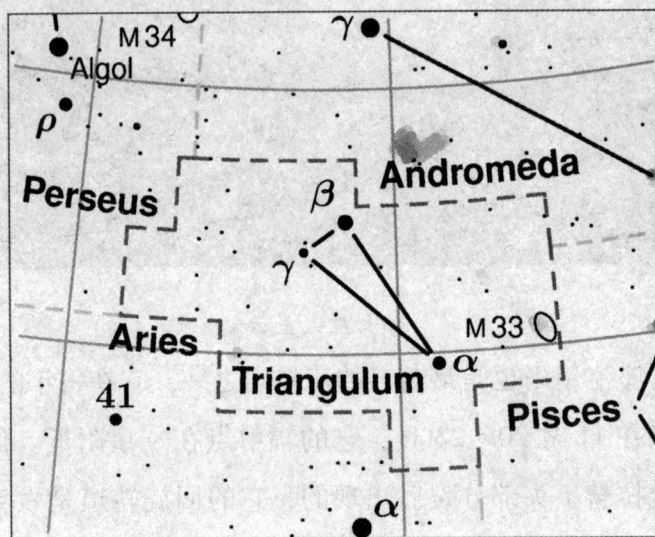

三角座

三角座位于秋季四边形中飞马座 β 星和仙女座 α 星的连线向东延长 1.5 倍处，座内一颗 3m 星和两颗 4m 星构成了一个细长的三角形。

这个不太亮的三角形小星座，在几千年前就引起人们的注意，曾经有过不少名称。古代希腊人称为"三角板座"；古罗马人把它叫做"天上的西西里岛"，因为意大利的西西里岛就是三角形的；后来还有人称它为"三位一体座"或"圣彼得之尺座"。

三角座还有三角座星系——M33，是最大的螺旋星系。因为它位在三角座内，所以也常被称为是三角座星系。虽然 M33 的半径只有我们银河系和仙女座大星系（M31）的三分之一，不过它还是比本星系群内的矮椭圆星系要大上不少。由于 M33 离 M31 很近，所以有部分天文学家认为它是 M31 的一个卫星星系。

* 白羊座 （Aries）

缩写：Ari

象征物：白牡羊

赤经：3h

赤纬：+20°

面积：441 平方度

位次：第 39 位

亮星数目：（星等 <3）2

最亮星：白羊座 α 星（娄宿三）（视星等 2.00）

邻接星座：三角座、双鱼座、鲸鱼座、金牛座、英仙座

最佳观测月份：12 月（纬度变化位于 +85° 和 -75° 之间可全见）

白羊座是个很暗的小星座，里面只有紧挨着的 2.3m 的 α 星和 2.7m 的 β 星稍微显著些。秋季星空的飞马座和仙女座的四颗星组成了一个大方框，从方框北面的两颗星引出一条直线，向东延长一倍半的距离就可以看到它们了。

每年 12 月中旬晚上八九点钟的时候，它正在我们头顶。但是由于白羊座的来历与英雄少年伊阿宋的故事密切相关，所以我们

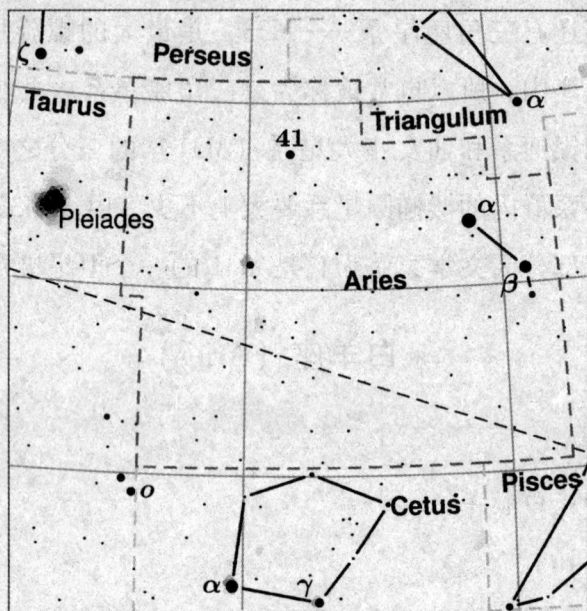

白羊座

把白羊座同南船座、天龙座一起，划归春季星座。也许看守金羊毛的天龙知道金羊毛上天后再也不用自己操心了，所以白羊座在我们头顶显赫时，天龙座早就远远地躲到了北边低低的夜空中了。

白羊座虽然不起眼，但它也是黄道星座，所以在天文学上，它还是很重要的。

＊双鱼座（Pisces）

缩写：Psc

象征物：（两条）鱼

赤经：1h

赤纬：15°

面积：889 平方度

位次：第 14 位

亮星数目：（星等 <3）0

最亮星：双鱼座 η 星（右更二）（视星等 3.62）

邻接星座：三角座、仙女座、飞马座、宝瓶座、鲸鱼座、白羊座

最佳观测月份：11 月（纬度变化位于 +90° 和 -65° 之间可全见）

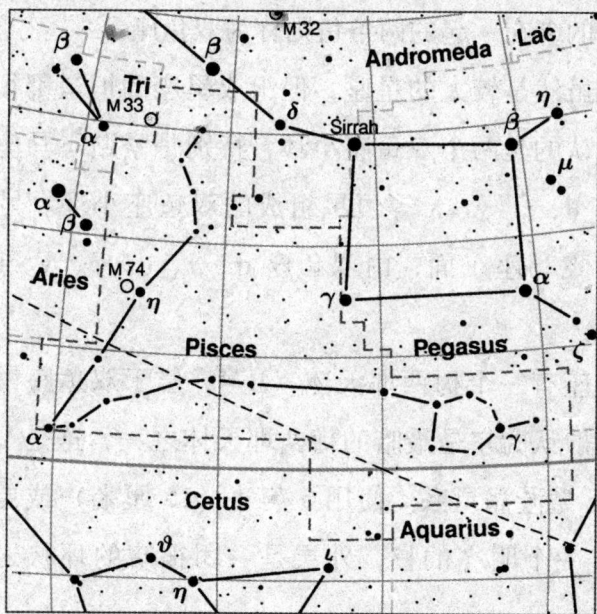

双鱼座

双鱼座也是黄道星座之一，不过它比摩羯座还暗，最亮的也只是 4m 星。从星图上看，双鱼座中位于秋季四边形正南的这几颗星可以看成是一条鱼（西鱼），四边形的飞马座 β 星和仙女座

α 星向东延长一倍碰到的那几颗暗星是另一条鱼（北鱼）。而位于两条鱼之间的，以 α 星为顶点的"V"则是拴住它们的绳子。

希腊神话中双鱼座代表的是阿佛洛狄忒和厄洛斯在水中的化身。阿佛洛狄忒为了逃避大地女神盖亚之子巨神提丰攻击而变成鱼躲在尼罗河（一说幼发拉底河）。之后她发现忘记带上自己的儿子厄洛斯一起逃走，于是又上岸找到厄洛斯。为防止与儿子失散，她将两人脚绑在一起，随后两人化为鱼形，潜进河中。事后宙斯将阿佛洛狄忒首先化身的鱼提升到空中成为南鱼座，而她和厄罗斯化身的绑在一起的两条鱼则称为双鱼座。

双鱼座虽然是较大的星座，但组成星座的恒星都很暗。双鱼座最容易辨认的是两个双鱼座小环，特别是紧贴飞马座南面由双鱼座 β、γ、θ、ι、χ、λ 等恒星组成的双鱼座小环。另一个双鱼座小环位于飞马座东面，由双鱼座 σ、τ、υ、φ、χ、ψ1 等恒星组成。

这个星座有一个梅西耶天体：M74，位于双鱼座最亮星右更二附近。一般认为它是最暗的梅西耶天体之一，这是一个正面朝向地球的 Sc 型漩涡星系。使用 6 英寸（15 厘米）或更大望远镜可见，它有一个明亮的核，外层是一团很暗的环状云雾，星等 +9.2。

南双鱼座流星雨在 8 月 15 日到 10 月 14 日活动，极盛 9 月 24 日，极盛时辐射点赤经 8 度，赤纬 0 度，亮度指数 3.0。这个流星雨的 ZHR 只有 3，就是说在最好的观测条件下一小时才能看到 3 颗流星。对于在城市里的人，一辈子能见到一颗也难说。

双鱼座位于赤经 0 时 20 分、赤纬 + 10°，肉眼可见的星星大致有 95 颗。在天球上，黄道与天赤道存在两个交点，其中黄道由西向东从天赤道的南面穿到天赤道的北面所形成的那个交点，在天文学上称之为"春分点"，这个点在天文学上有着极为重要的意义。而目前，春分点因岁差运动的缘故，已经移至双鱼座。将飞马四边形东面的星星，也就是仙女座 α 星与飞马座 γ 星连接起来，按连线等长延伸，所达之处便是现在的春分点。

双鱼座有西鱼、北鱼之分。西鱼是由 6 颗小星组成的一个不规则的多边形，北鱼是由几颗暗星构成的另一个不规则多边形。在西鱼和北鱼之间，有两列星星组成一个英文大写字母"L"，像是连接两条鱼的丝带。α 星是在绸带的连接点上发光的 4 等星外屏七。这颗星是联星，联星以 933 年为周期互相环绕旋转。两颗星的光度分别为 4.2 等和 5.3 等，只以 1.9″ 的小间隔并排。要将两星分离，需要 8 厘米口径的望远镜。M74 是位于同白羊座交界处附近的漩涡星系，用 10 厘米口径的望远镜便能看到星系的中心部。

＊宝瓶座（Aquarius）

缩写：Aqr

象征物：持水者

赤经：23h

赤纬：－15°

面积：980 平方度

位次：第 10 位

亮星数目：（星等 <3）2

最亮星：宝瓶座 β 星（虚宿一）（视星等 2.90）

邻接星座：飞马座、小马座、海豚座、天鹰座、摩羯座、南鱼座、玉夫座、鲸鱼座、双鱼座

最佳观测月份：10 月（纬度变化位于 +65°和 −90°之间可全见）

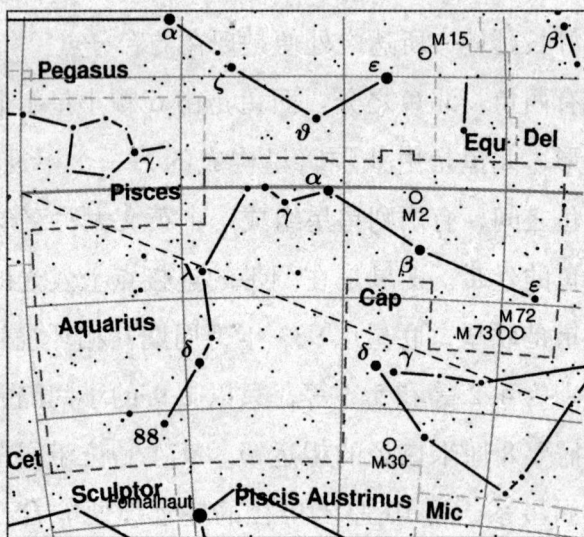

宝瓶座

宝瓶座位于飞马座和双鱼座之南，南鱼座之北。在全天 88 个星座中，面积排名第十。座内目视星等亮于 6 等的星有 113 颗，其中亮于 4 等的星有 17 颗。所以，跟其他星座比起来，宝瓶座相对来说比较暗淡。

宝瓶座的形象是一个持着瓶子在斟酒的美少年加尼美得，据说他是特洛伊的王子。有一天，他替父亲看羊时，宙斯在天空经过，一见加尼美得即对他迷恋，宙斯变身成一只鹰掳走加尼美得到奥林匹斯山，此鹰就是天鹰座，而加尼美得从此成为宙斯身旁的倒酒僮。

宝瓶座每年会出现两次流星雨。一次于5月上旬出现在η星附近，5月5日是其最为壮观的时期，它可是由著名的哈雷彗星造成的。另一次会在7月下旬出现在δ星附近，于7月31日达到最高潮。

* 鲸鱼座 （Cetus）

缩写：Cet

象征物：鲸鱼

赤经：1.42h

赤纬：−11.35°

面积：1231平方度

位次：第4位

亮星数目：（星等<3）3

最亮星：鲸鱼座β星（土司空）（视星等2.04）

邻接星座：白羊座、双鱼座、水瓶座、玉夫座、天炉座、波江座、金牛座

最佳观测月份：11月（纬度变化位于+70°和−90°之间可全见）

鲸鱼座位于白羊座和双鱼座的南面，波江座与宝瓶座之间，是个横跨赤道南北的大星座。它是全天88个星座中仅次于长蛇座、室女座和大熊座的第四大星座。

秋末冬初的夜晚，先找到有名的飞马座大四边形，从四边形

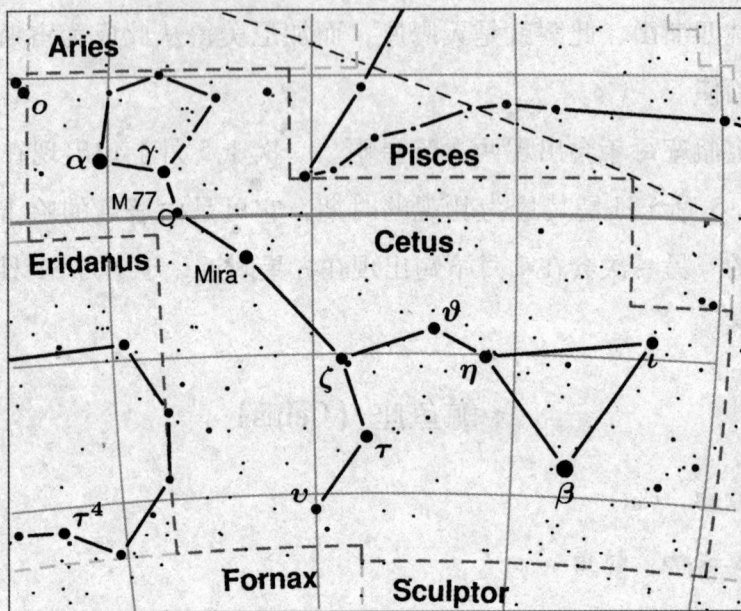

鲸鱼座

东面的一边往南延长约两倍距离处，可以看到 1 颗亮度为 2 等的星"土司空"，它就是鲸鱼的尾巴。再从这颗星出发向东，可找到 1 颗 3 等星，这是鲸鱼的鼻子。这颗 3 等星和附近另外 4 颗星共同组成一个五边形，这个五边形就是鲸鱼的头。

延长秋季四边形的仙女座 α 星和飞马座 γ 星向南到两倍远的地方，这里有一颗 2m 星，它就是鲸鱼座中最亮的 β 星。由于附近的天区再没什么亮星了，所以这颗星显得很醒目，非常容易找到。鲸鱼座虽大，可也就这么一颗亮星。

鲸鱼座的 o 星（希腊字母"o"读作"奥密克戎"）是一颗十分重要的变星，它最亮的时候能达到 2m，而它最暗的时候可以到 10m——这时就得用望远镜看了，因此西方人称它是"奇异之星"。

鲸鱼座 o 星（我国古代称之为"蒭藁增二"）是人们最早发现的变星，那还是 1596 年 8 月的事了。可它后来逐渐变暗，两个月后就再也看不见了。直到 1619 年 2 月，人们才再次发现它。以后，它又逐渐变暗，几个月后就在茫茫星空中消失了。又过了 60 年，天文学家总算搞清楚了，原来它是颗周期为 330 天的变星。其实这 330 天也只是个平均数，它的变光周期根本就不固定，最短时可到 310 天，而最长时又达 355 天。你看，它可真不愧是颗"奇异之星"。

第四章　南天星空

南半球天空的星座，是在环球航行成功之后才逐渐形成的。

随着当时航海技术越来越发达，欧洲人的足迹渐渐地到达南半球各地，南半球的天空也逐渐为人所知，星座的数目就越来越多。1603 年，德国业余天文学家巴耶尔出版了一本星图，第一次收入了地理大发现时期的新的天象发现。17 世纪末与18 世纪中叶，波兰与德国的业余天文爱好者，在大量观测的基础上又增补了几十个星座，大致构成了现在的南天星座。

有趣的是，后来所加添的星座名称大多不是动物名称，而是一些航海仪器如远镜座、船帆座、船底座等。当时的星座名称及分布其实有许多版本，每个星座所涵盖的范围也各有不同。直到 1992 年国际天文学联合会大会，这些南天星座的名称和区域才最终确定下来。

第一节 1~3月的星空

* 大犬座 (CanisMajor)

缩写: CMa

象征物: 大犬

赤经: 7h

赤纬: -20°

面积: 380平方度

位次: 43rd

亮星数目: (星等<3) 5

最亮星: 大犬座α星 (天狼星) (视星等-1.46)

邻接星座: 麒麟座、天兔座、天鸽座、船尾座

最佳观测月份: 2月 (纬度变化位于+60°和-90°之间可全见)

大犬座是南天星座之一，座内目视星等亮于6等的星有122颗，其中亮于4等的星有18颗。找大犬座首先找到著名的猎户座，从猎户座腰带上的一排3颗星向东南方向，便可看到1颗全天最亮的恒星——天狼星，天狼星所在的星座，就是大犬座。大犬座西接天兔座，东面和南面与船底座相连。冬季夜晚南方天空中，大犬座是最受人注目的星座之一，整个星座的形状，就像是一只猎犬，正在矫捷地扑向西面的那只兔子。

漫游宇宙天体丛书

传说西里斯是猎人奥瑞恩的一只心爱的猎犬，终日伴随在猎人的左右。后来，奥瑞恩为他的妻子、月神阿尔托弥斯误杀而死，他的爱犬也十分悲伤，整天什么东西也不吃，只是悲哀地吠叫，最后饿死在主人的房子里。天神宙斯为嘉奖它的忠义，就把它升到天上化为大犬座。

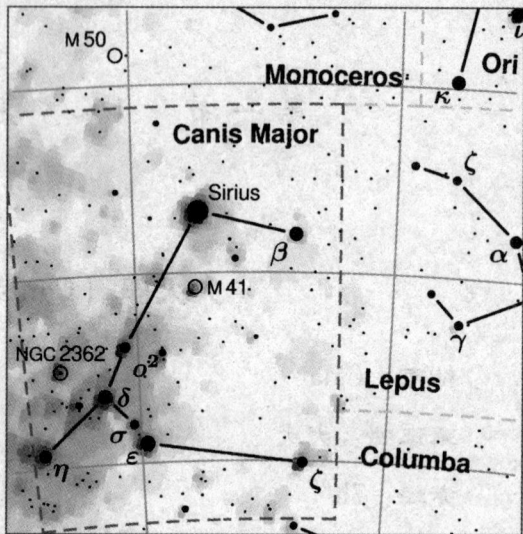

大犬座

大犬座中主星天狼星是夜空中最亮的星和冬季大三角的一个定点，也是从地球上看出去即太阳后的第一亮恒星，同时也是离地球最近的恒星之一。它名字的原意是"烧焦"的意思。古希腊人称夏日为"犬日"，因为只有狗才会发疯地在这样酷热的天气里跑出去，因此这颗星也被称为"犬星"。因此这个星座获得了大犬座的名称。

大犬座在古埃及，每当天狼星在黎明时从东方地平线升起时（这种现象在天文学上称为"偕日升"），正是一年一度尼罗河水泛滥的时候，尼罗河水的泛滥，灌溉了两岸大片良田，于是埃及人又开始了他们的耕种。由于天狼星的出没和古埃及的农业生产息息相关，所以那时的人们把它视若神明，并把黎明前天狼星自东方升起的那一天确定为岁首。可以说，我们现在使用的"公历"这种历法，最早就是从古埃及诞生的。

在中国古代，天狼星可就没有这么幸运了。我国古人把它看成是主侵略之兆的恶星。屈原在《东君》里写道"举长矢兮射天狼……"，他把天狼星比作了四处侵略别国的秦国，希望能射下天狼，为民除害。

天狼星的自行很大，而且还有一颗白矮星作它的伴星。大犬α星的这颗伴星便是第一个被发现的白矮星。

＊船尾座（Puppis）

缩写：Pup

象征物：船尾甲板

赤经：7.5h

赤纬：−30°

面积：673 平方度

位次：第 20 位

亮星数目：（星等＜3）4

最亮星：船尾座 ζ 星（视星等 2.25）

邻接星座：麒麟座、罗盘座、船帆座、船底座、绘架座、天鸽座、大犬座、长蛇座

最佳观测月份：2 月（纬度变化位于 +40° 和 −90° 之间可全见）

船尾座位于船底座之北，船帆座之西。确切地说，船尾座在古代属于巨大的南方星座南船座的船尾或"船尾楼"，南船座被

分成三个易于处理的部分：船尾座、船底座和船帆座。船尾座是其中最大的，它的一部分落在银河中星星密集的一个区域，最好用望远镜观察。可由西南方船底座的老人星、西北方的大犬座的天狼星来定位它。在北纬 39° 以下可以看见整个星座，它低垂在地平线上，暗淡模糊。

由于这个星座最初是属于南船座，所以此星座没有 α、β、γ、δ 星。座内有亮于 4 等的星 15 颗，其中 L2 星是长周期变星，周期 140 天。

船尾座

虽然这个星座恒星不亮，但它有 5 个较明亮的疏散星团，分别是 M46，M47，M93，NGC2447，NGC2251。在这几个疏散星团中，距地球最远的是 M46，是 5700 光年，大小与满月差不多。其次是 NGC2274，有 4200 光年之遥，但恒星比星座中任何一个星团都要密集，以至于必须用小型望远镜才能区分它们。M46 东边不到 3 度的地方还有个疏散星团，是 M47，但这个星团距地球只有 1600 光年，且非常暗淡，M93 比它还要暗淡。星座中最亮的星团非 NGC2451 莫属，它最亮的恒星是 3.6 等的黄色超巨星——船尾座 c（弧矢三）。

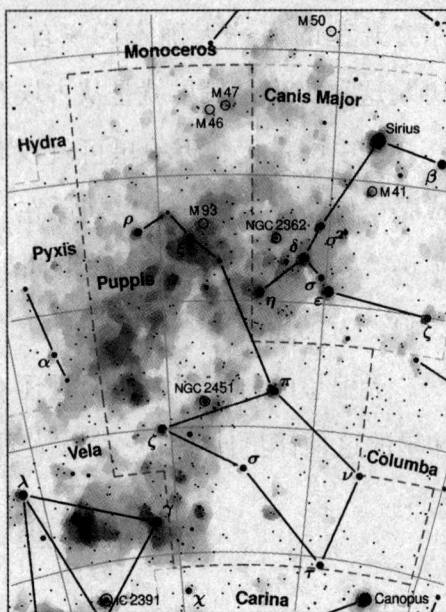

在这个星座中你可以发现一颗灿烂的浅蓝色星，它就是ζ星，起源于阿拉伯语的"船"，是一个超级巨星，距离地球1500光年，为已知的最热的恒星之一（表面温度约35000°）。

船尾座也有流星雨存在，这个星座的流星雨是在1972年才被发现的，天文爱好者看到它的倩影不多。观察船尾座流星雨必须选择人烟稀少、灯光暗淡、大气洁净的环境。2008年4月23日日落时分，我国天文爱好者在海南一带观察到了船尾座流星雨。

*剑鱼座（Dorado）

缩写：Dor

象征物：剑鱼

赤经：5h

赤纬：−60°

面积：179平方度

位次：72nd

亮星数目：（星等<3）0

最亮星：剑鱼座α星（视星等3.27）

邻接星座：雕具座、时钟座、网罟座、水蛇座、山案座、飞鱼座、绘架座

最佳观测月份：2月（纬度变化位于+20°和−90°之间可全见）

剑鱼座位于山案座以北，绘架座之南，网罟座与飞鱼座之间，在船底座亮星老人星的西南方向上。

剑鱼座内的星都不亮，所以为人注目，是因为著名的大麦哲

漫游宇宙天体丛书

138

伦星云就在剑鱼座与山案座之间，其中三分之二在剑鱼座界内，肉眼可以看到它是一片不小的光斑。另外，南黄极也在这个星座内，位置就在大麦哲伦星云东北边缘上。在大麦哲伦星云东边缘上，有一个星云，因为形状像一只毛茸茸的淡红色蜘蛛，故称为"蜘蛛星云"。它是荷兰航海家凯泽和豪特曼于 1595～1597 年所命名的 12 个星座之一。

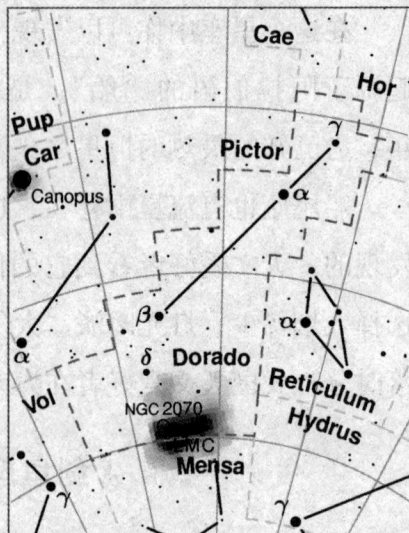

剑鱼座

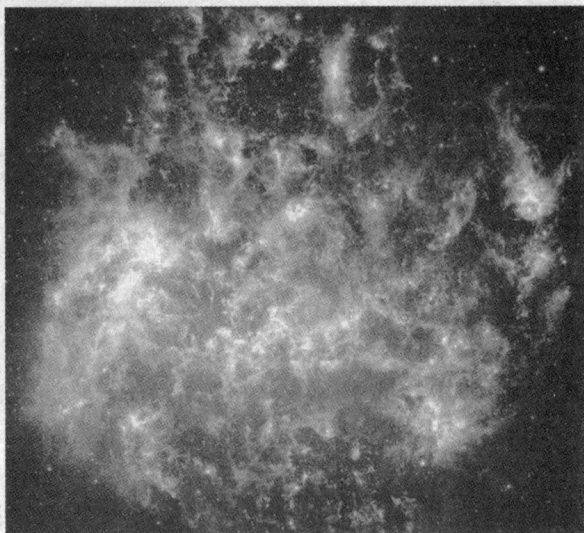

大麦哲伦星云

这个"大麦哲伦星云"是个河外星系，并且是我们银河系的伴星系，它的直径是 5 万光年，距离我们 16 万光年。在前文中提到小麦哲伦星云是由 16 世纪葡萄牙著名航海家麦哲伦在航海过程中发现的，大麦哲伦星云也是在发现小麦哲伦星云的同时发现的。大麦云和小麦云之间相距大约 20°。在南半球看大小麦云，一年四季，它们都高高地悬挂在南天天顶附近，争相辉映，从不会落到地平线以下，就像我们在北半球看北斗七星永远不会落到地平线以下一样。它们是南天的一对瑰宝。可惜的是在北半球大部分地区都看不见它们，在我国南沙群岛一带，也只能在非常接近南方地平线的地方寻找到它们。

从我们的银河系看出去，最明亮的星系是大麦哲伦星云。大麦哲伦星云是个不规则星系，它有个由年老红色恒星所组成的棒状核心，外面环绕着年轻的蓝色恒星，以及靠近上面这张影像顶端的明亮红色恒星形成区——蜘蛛星云。近代最明亮的超新星 SN1987A，就是发生在大麦哲伦星云里。

蜘蛛星云是一个位于我们的邻居星系——大麦哲伦云中的巨大发射星云，其大小超过 1000 光年。在这个宇宙级蜘蛛的中心，有一个由大质量恒星组成的、编号为 R136 的年轻星团，它发出的强烈辐射和

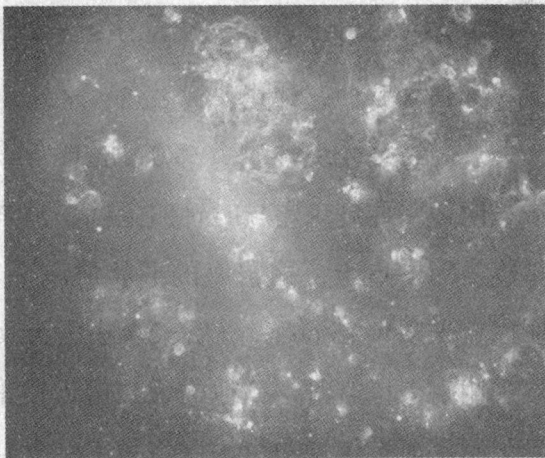

大麦哲伦星云内的泡泡

第四章　南天星空

吹出的猛烈星风使得星云发光，并形成了蜘蛛腿状的细丝。蜘蛛星云地带的居民周围还有一些暗云、向外蔓延的一缕缕丝状气体、致密的发射星云、邻近的球形超新星遗迹，还有环绕着热星的著名的超级气泡区域，它们也同样引人注目。

＊网罟座（Reticulum）

缩写：Ret

象征物：网

赤经：4h

赤纬：−60°

面积：114平方度

位次：第82位

亮星数目：（星等＜3）0

最亮星：网罟座α星（视星等3.4）

邻接星座：时钟座、剑鱼座、水蛇座

最佳观测月份：2月（纬度变化位于＋23°和−90°之间可全见）

网罟座在剑鱼座与时钟座之间，波江座水委一和船底座老人星连线的中点上。嗣罟座的形状成一个小小的菱形，像颗钻石，所以原先叫"钻石座"。后来，法国天文学家拉卡伊在南非开普敦观测南天星空时，在他的天文望远镜上使用了定位十字丝，提高了测定恒星位置的精确度。为了纪念这个新手段的应用，他就把这个星座改"网罟座"，所以"网罟"并不是渔网的意思。

这个很小的远南天星座最突出的特点是几个有趣的双星和相

对明亮的星系。

网罟座 ζ1 和网罟座 ζ2：这是一对用双筒望远镜可见的双星。两星星等分别为 +5 和 +5.5，距离地球 39 光年。从地球看相距 130 弧秒，两星组成成分与太阳相似。

网罟座 θ 星，这是由两颗星等分别为 +6 和 +8 的恒星组成是双星系统。从地球看两星相距 4.1 弧秒。

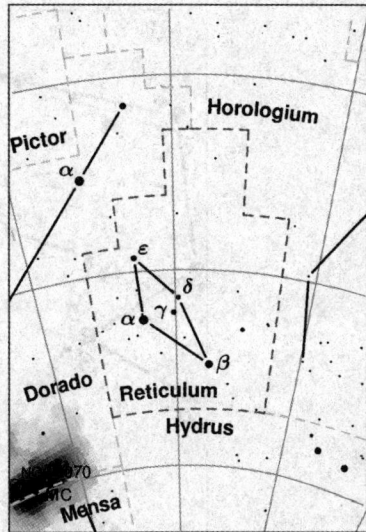

网罟座

*飞鱼座（Volans）

缩写：Vol

象征物：飞鱼

赤经：8h

赤纬：−70°

面积：141 平方度

位次：第 76 位

亮星数目：（星等 <3）0

最亮星：飞鱼座 β 星（视星等 3.77）

邻接星座：船底座、绘架座、剑鱼座、山案座、堰蜒座

最佳观测月份：3 月（纬度变化位于 +15° 和 −90° 之间可全见）

飞鱼座是南天星座之一，它位于大麦哲伦星云附近，南接变

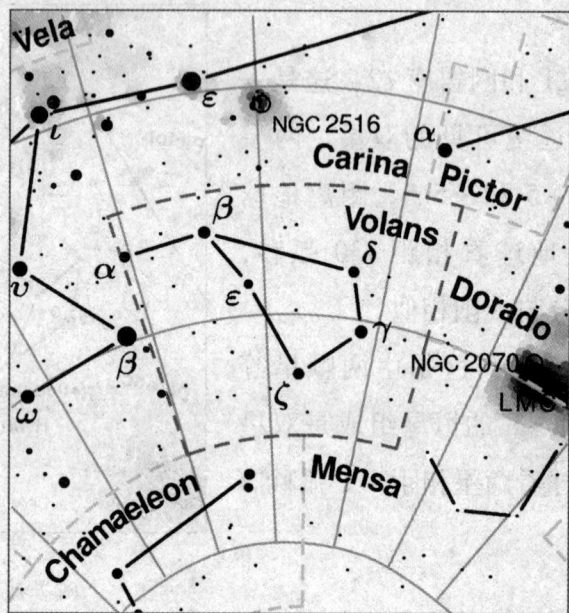

飞鱼座

色龙、山案两个美丽的星座，而且它还像一条巨大的热带飞鱼在南船座旁滑翔，美丽动人，蔚为壮观。

飞鱼座没有相应的神话故事，因为它位于南天，古希腊人无缘看到它。它的发现与划定是在郑和下西洋150多年以后，由荷兰人凯瑟在前往东印度探险的船海过程中圈出的12个南天星座之一。1603年德国业余天文学家巴耶在划定这个星座时，把它设想为在巨大的南船旁边滑翔的一条热带飞鱼。被采纳进星图中去，沿用至今。

飞鱼座中最有名的是飞鱼座δ星，我国称之为"天弁二"。它是一类短周期脉动变形的典型，即常说的盾牌δ型变星，飞鱼座δ的亮度极大时为4.6等，极小时为4.79等，光变周期为

0. 193769 天，即 4 时 39 分 1.7 秒。

飞鱼座还有一些星云、星团，最著名的是 M11（NGC6705）疏散星团，是德国天文学家基希于 1681 年首先发现的。英国一位天文学家认为它好像一只飞翔的野鸭，因此又称野鸭星团。它是已知最致密的疏散星团，其中大约有 500 颗恒星，距离地球 5500 光年，视亮度为 6.3 等。

* 天鸽座（Columba）

缩写：Col

象征物：一只圣鸽

赤经：6h

赤纬：-35°

面积：270 平方度

位次：第 54 位

亮星数目：（星等 <3）1

最亮星：天鸽座 α（视星等 2.6）

邻接星座：天兔座、雕具座、绘架座、船尾座、大犬座

最佳观测月份：2 月（纬度变化位于 +45° 和 -90° 之间可全见）

天鸽座位于天兔座以南，它最初名叫"诺亚鸽座"，传说把橄榄枝衔回诺亚方舟，报告洪水已开始退去的那只鸽子就是它。由于这个小星座像一只鸽子，天文学家普朗修斯给它取了现在的名字，尽管这个星座位于南天，在北半球中纬度地区，1 月和 2 月在天刚黑的时刻，还是可以看见它的。它在天球上的位置与武

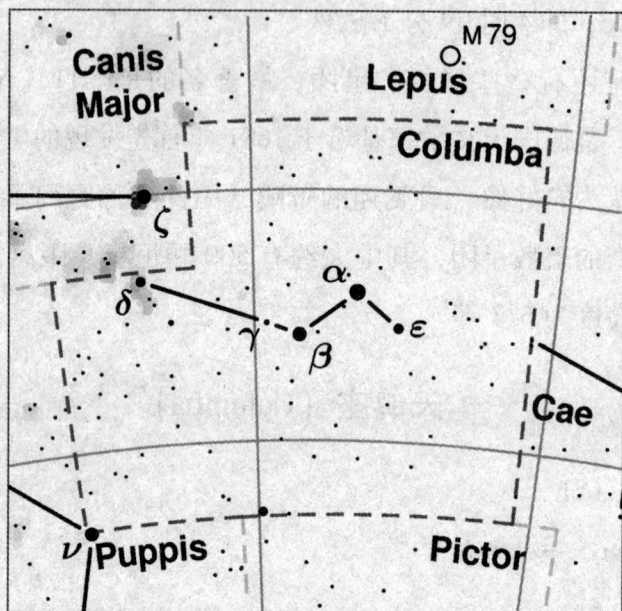

天鸽座

仙座正好相对，而我们看到，太阳系正在向武仙座的方向运动，所以这个天鸽座离我们是越来越远了。

另外，还有一个传说，从希腊到科尔喀斯去取金羊毛的远征船"阿尔戈"号在进入黑海时，要从叫做"撞岩"的两块活动大岩石之间通过。这两块大岩石经常激烈地碰撞，把任何过往船只撞得粉碎。"阿尔戈"号勇士们先放了一只鸽子飞过去。当时两块岩石虽然猛烈地碰撞，但鸽子只被夹住一点尾毛就飞走了。趁着岩石重开的机会，"阿尔戈"号得以安全通过，最后取回金羊毛。天鸽座就是这只鸽子的化身。

天鸽座 μ 星：这是著名的三颗速逃星之一，它在银河中以 60 英里/秒（100 千米/秒）的速度移动，这种恒星看上去好像是数

百万年前被猎户座星云的一次突然爆发——很可能是超新星爆发——发射出去的。

天鸽座有个著名的球状星团——M71，M71在天鸽座γ星与δ星之间。它是一个亮度为9等、视直径为6角分的较为稀疏的球状星团。由于视直径过小，从双筒镜里看去如同星云的形状。有很长一段时间，许多天文学家认为M71更像是一个致密的疏散星团，就像M11那样，但现在人们已经一致认为M71的确是个较松散的球状星团。它的视星等为8.3等，距离我们13000光年。

＊天兔座（Lepus）

缩写：Lep

象征物：兔

赤经：6h

赤纬：−20°

面积：290平方度

位次：第51位

亮星数目：（星等＜3）2

最亮星：天兔座α星（视星等2.58）

邻接星座：猎户座、麒麟座、大犬座、天鸽座、雕具座、波江座

最佳观测月份：1月（纬度变化位于+63°和−90°之间可全见）

天兔座是南天的一个小星座，它位于猎户座以南，大犬座与波江座之间，形状像个"工"字，整个星座在猎户奥瑞恩的脚

下，好似一只被大犬、小犬追逐的兔子。

天兔座内最亮的四颗 3m 星 α、β、ε 和 μ 组成了一个不规则的四边形，其中 α 和 μ 这条边与猎户座 κ 和 β 这条边的距离，跟 κ 和 β 与猎户三星的距离是差不多的。用这个办法你可以试着来找找天兔座。

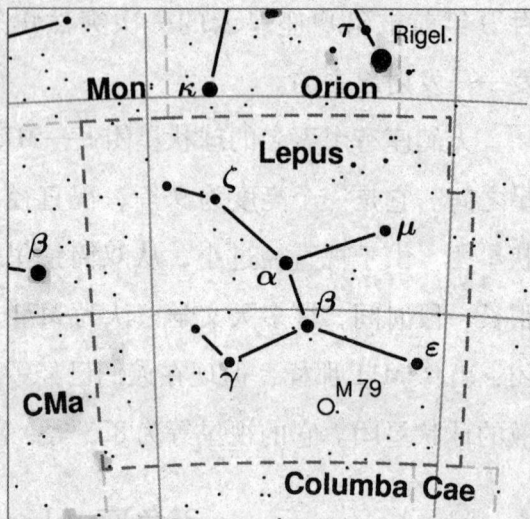

天兔座

天兔座 α 星，又名厕一，是天兔座最亮的恒星。

天兔座的背后有着这样一个凄美的爱情故事。

希腊神话中，海神波赛冬有个儿子名叫奥瑞恩。奥瑞恩生来就像他的父亲一样，长得魁梧强壮。可他并不喜欢生活在海里，而总是来到山野间，攀岩、捕猎。不过，他毕竟是海神的儿子，所以即使是在海面上也能行走如飞。

整日陪伴他的是一条名叫西立乌斯的猎犬，它和主人一样勇猛，打猎时总是冲在最前面，遇到猛兽也总是挡在奥瑞恩身前。日子久了，奥瑞恩经常在打猎时碰到月神也是狩猎女神阿尔忒弥斯。两人很快就被对方深深吸引住了，后来，他们经常一起在山间漫步，登绝壁，攀险峰，无话不谈。

这一切，却使太阳神阿波罗很生气。他知道阿尔忒弥斯是个

性格倔强的女孩，劝说根本不会打动她。阿波罗一狠心，想出了一条毒计。他以比赛射箭的名义，让妹妹阿尔忒弥斯在不知情的情况下射杀了海面上的奥瑞恩。

当她看到最心爱的人竟然死在自己的箭下，阿尔忒弥斯一下昏倒了。西立乌斯听到主人惨死的消息，悲痛得整夜哀号。别人喂的食它连看也不看，没几天便随奥瑞恩而去了。

这幕惨剧使宙斯也唏嘘不已。他收殓了奥瑞恩的尸首，把他升到天上化作猎户座。生前不能常相守，死后，他总算和自己的心上人——月神阿尔忒弥斯永远在一起了。西立乌斯也以自己的忠诚赢得了宙斯的同情，被提升到天界，继续陪伴在主人身旁，这就是大犬座。为了不使西立乌斯寂寞，宙斯还特意给它找了个伙伴——小犬座。宙斯知道奥瑞恩生前最喜欢打猎，就在他身边放了一只小小的猎物——天兔座。

第二节 4~6月的星空

*长蛇座（Hydrae）

缩写：Hya

象征物：九头蛇

赤经：10h

赤纬：-20°

面积：1303 平方度

位次：第 1 位

亮星数目：（星等 ＜3）2

最亮星：长蛇座 α 星（星宿一）（视星等 1.98）

邻接星座：唧筒座、巨蟹座、小犬座、半人马座、乌鸦座、巨爵座、狮子座、天秤座、豺狼座、麒麟座、船尾座、罗盘座、六分仪座、室女座

最佳观测月份：4 月（纬度变化位于 +54° 和 −83° 之间可全见）

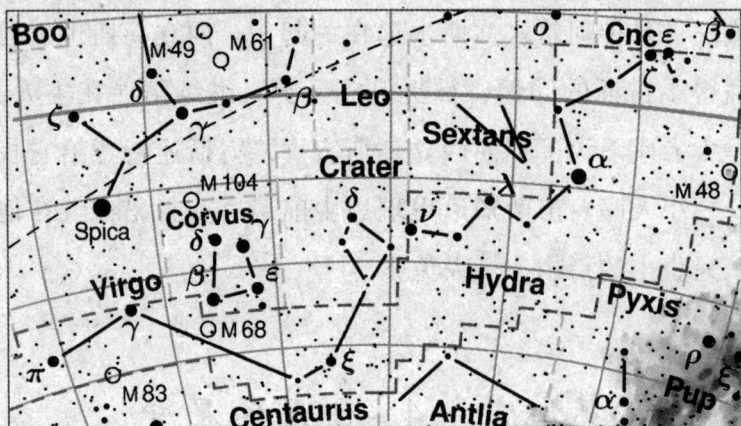

长蛇座

长蛇座是全天 88 个星座中最大的一个，它的头在狮子座西面，弯弯曲曲，尾巴一直盘到了室女的脚下。每年春季的 4、5 月间，它几乎从东到西横贯了整个南部天空。

在古希腊神话故事中，长蛇座是水蛇精许德拉的化身。传说许德拉有 9 个头，能从 9 张口中吐出毒气，危害人畜。如果斩掉它的一个头，立刻会生出两个头，比以前更加凶猛。盖世英雄海格立斯在消灭了狮子精以后，又带着他的侄儿伊俄拉俄斯同去寻找水蛇精，为民除害。海格立斯每斩掉水蛇精的一个头，他的侄儿就立即用火烧没伤口，使蛇头长不出来。这样，他们终于消灭了水蛇精。为了纪念海格立斯的功绩，天神宙斯便把海格立斯消灭的水蛇精升到天上，列为长蛇座。

长蛇座虽然很长，却没有耀眼的亮星。座内除了一颗红色的二等亮星，即长蛇 α 星，中国叫"星宿一"以外，其余的星都很暗，因此，长蛇座不太引人注目。在巨蟹座以南，狮子座 α 星轩辕十四的右下方，有 5 颗三等星和四等星组成一个小圆圈，这就是长蛇抬起的头部。位于轩辕十四西南面的星宿一，相当于长蛇的心脏。由于星宿一的四周没有其他亮星，因此阿拉伯人称它为"孤独者"。

世界各地均可看到长蛇座的一部分，但由于四等和五等星居多，使它长长的身躯难以辨认。最明显的特征是它蛇头的六星集团，位于南河三以东 15 度。对于北方中高纬度的观察者来说，长蛇座低垂在地平线上，需要理想的观察条件。

* 半人马座 （Centaurus）

缩写：Cen

象征物：人马

赤经：13h

赤纬：−50°

面积：1060 平方度

位次：第9位

亮星数目：（星等＜3）10

最亮星：半人马座α星（视星等 −0.01）

邻接星座：唧筒座、船底座、圆规座、南十字座、长蛇座、豺狼座、苍蝇座、船帆座

最佳观测月份：5月（纬度变化位于 +30°和 −90°之间可全见）

半人马座

半人马座是南天一个宏伟的星座，在长蛇座之南，帆船座与豺狼座之间，南部浸入银河。它是一个秋天的星座，我国只有南方的几个省才可以看到它。

在希腊神话中，半人马是一种奔跑迅速，武艺高强的生物，虽然形象可怕，但举止温和善良，从不残害人类。相反，它们时常与人类交往，人们也很喜欢与它们相处。

半人马座中最亮两颗星——黄色的南门二和白色的马腹一，

互相间靠得很近，并且很接近圆规座。南门二，也就是人马座的α星，是全天第三亮星，它的亮度仅次于天狼星和老人星，是黄色1等星。而β星，马腹一，是全天第十一亮星。14世纪郑和七下西洋时，曾用它们来导航，称它们为"南门双星"。

实际上，半人马座α星是由a、b、c三颗子星组合而成的三合星，其中的c子星是距离我们太阳系最近的一颗恒星，距离4.22光年，它就是我们平常所说的比邻星。除了半人马座α星，这个星座中还有2颗1等星，4颗2等星，7颗3等星。这些亮星的连线勾勒出一个好斗的半人半马，他手拿长枪，正在与豺狼搏斗。

望远镜中的半人马座A椭圆星系

在半人马座有一个著名的星团——半人马座Ω球状星团（NGC5139）。这是我们银河系里最大的一个星团。这个球状星团，成员恒星的数量超过1000万颗，它是绕着我们银河中心运行的众多球状星团之一。最近的观测证据显示，在银河系现知的

150 个球状星团之中，半人马座 Ω 星团的质量也是最大的一个。它位于黄道的半人马座内，距离地球约有 15000 光年，而大小约在 150 光年左右，是一个用肉眼就能看见的天体。

*南十字座（Crux）

缩写：Cru

象征物：十字架

赤经：12h

赤纬：$-60°$

面积：68 平方度

位次：第 88 位

亮星数目：（星等 <3）4

最亮星：南十字座 β 星（十字架三）（视星等 1.25）

邻接星座：半人马座、苍蝇座

最佳观测月份：5 月（纬度变化位于 $+20°$ 和 $-90°$ 之间可全见）

南十字座是全天最小的星座。位于半人马座与苍蝇座之间的银河之中。南十字座所在的银河部分是银河最亮的段落。星座中主要的亮星组成一个"十"字形，从这个"十"字形的一竖向下方一直划下去，直到约 4 倍于这一竖的长度的一点就是南天极。在北半球的低纬度处观测，这根延长线与地平线的交点基本上就是正南方。

14 世纪航海家郑和七下西洋时，曾用这个星座来导航。在古希腊托勒密时代，地中海地区原是可以看到它的，被看作是半人马的脚。由于岁差，到了现代，这一部分星空已经移向南方，在北半球大部分地区再也不能看到。所以直到 17 世纪时，欧洲天文学家才把它从半人马座中划出来，作为一个独立星座。

关于"十字"的来历，并不像其他星座那样可以在古希腊神话故

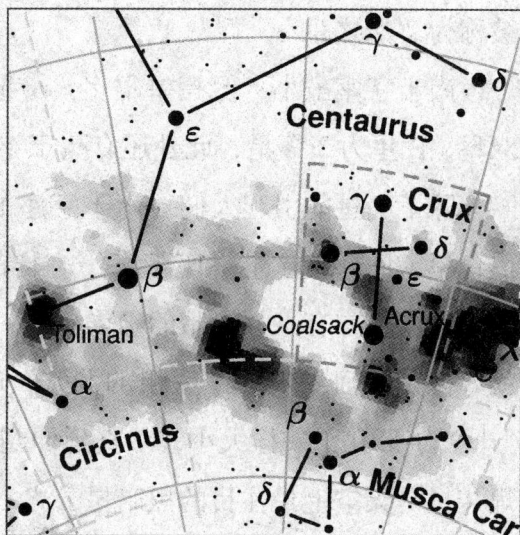

南十字座

事中找到证据。人们在维多利亚学者艾伦的《星名录》中注意到关于十字的更早的传统证据。公元 11 世纪，古阿拉伯占星术士阿尔伯尼注意到，从印度北纬 30°处，可以看见一个南方星群，称为苏拉。正如艾伦所指出的，这可能为我们提供了设计但丁《神曲》（14 世纪初）的一个线索。在通过炼狱的入口进入南半球时，但丁宣称，"我把心神/贯注在另外一极上，我看到了/只有最初的人见过的四颗星"（《炼狱》）。

现在南十字座的星星在北半球已经看不见了。"最初的人"是指最初的基督徒，因为在基督时代的耶路撒冷恰恰能看见十字座。但丁清楚地意识到岁差的影响，他提到的是基督死后的一个无神时代，那时南十字座已经逐渐在这个纬度消失了。南十字座并不是在所有文化中都被看作一个十字架，在澳洲中部这些星星

被称为"鹰之爪"。

南十字座虽小，但亮星很多。α星是南天著名的亮星，又是双星，β星为2等星，此外还有亮于4等的星7颗。

除了亮星能引起人们对南十字座的注意外，这个星座附近的黑色星云同样给这个星座带来不一样的风采。在南十字座"十"字形的左下方有一片黑暗的尘埃星云，衬托在明亮的银河背景上，就好像是银河中的一个漆黑的洞穴，叫做"煤袋"。它的面积同"十"字形几乎一样大小，一直延伸到相邻的半人马座和苍蝇座。煤袋星是天空上最注目的黑暗星云之一，用眼也可以轻易看到。

* 船帆座（Vela）

缩写：Vel

象征物：帆

赤经：9h

赤纬：−50°

面积：500平方度

位次：第32位

亮星数目：（星等<3）5

最亮星：船帆座γ星（视星等1.6）

邻接星座：唧筒座、罗盘座、船尾座、船底座半人马座

最佳观测月份：3月（纬度变化位于+30°和−90°之间可全见）

船帆座位于船底座之北，半人马和船尾座两座之间的银河中。船帆座跟船尾座和船底座共同组成了南船座。

船帆座中亮于6等星的恒星有 146 颗，包括 3 颗二等星，2 颗三等星，14 颗四等星。每年 4 月 10 日晚 8 时，船帆座上中天。船帆座 γ 星（天社一）是光学双星，是 1.8 等星，是著名的热星之一，其表面温

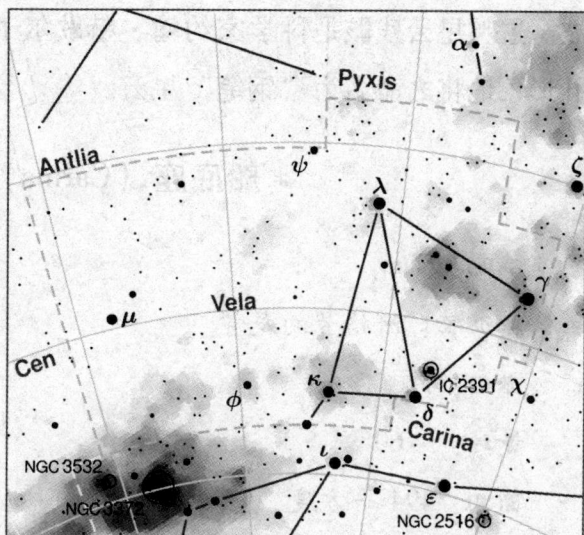

船帆座

度约 25000℃。其子星 γ2 星等为 1.78 等，距离我们 800 光年，是全天 200 颗最亮恒星之一；另一子星 γ1 的视星等为 4.27 等，是一颗 B1Ⅳ型蓝白色亚巨星。两星角距为 41″.2。子星 γ2 是全天最亮的沃尔夫‑拉叶型星，沃尔夫‑拉叶型星是法国天文学家沃尔夫和拉叶于 1867 年在天鹅座发现的一种特殊类型的恒星，它们的光谱中有许多很宽的发射线。后来的观测发现，天社一是一个四合星，另外两子星一个为 8.5 等，另一个为 9.4 等。

天文学家发现近年来船帆座的一颗超新星残骸受到一股浓密的星际气体影响，导致了星云不断地发热和膨胀。

据悉，大约一万年前，船帆座一颗编号为 NGC2736 的星云发生爆炸，形成了超新星残骸，并造成一个非常明显奇怪的亮点。这颗新星的外层撞到星际物质，驱使着一道至今仍然可见的冲击

波。这颗星云残骸是科学家约翰·赫歇尔于1840年首先发现的，并形象地将之命名为"钢笔"星云。

＊船底座（Carina）

缩写：Car

象征物：阿格号的龙骨

赤经：9h

赤纬：−60°

面积：494平方度

位次：34th

亮星数目：（星等＜3）50

最亮星：船底座α星（老人星）（视星等−0.7）

邻接星座：船帆座、船尾座、绘架座、飞鱼座、蝘蜓座、苍蝇座、半人马座

最佳观测月份：3月（纬度变化位于＋20°和−90°之间可全见）

船底座是南天星座之一，位于飞马座与苍蝇座之间，船尾座和船帆座之间，大部分在银河之间。

船底座有两个引人注目的菱形：一个在船尾座与船帆座交界处，由这两座星座中各两颗亮星共同组成，人称"假南十字"；另一个是在"假南十字"东南方的"南船钻石"。"南船钻石"4颗星虽不很亮，但在4000年后它将担任船底座中第一任南天极的角色。"假南十字"与南十字座很相像，只是南十字座的一横向左倾，"假南十字"的一横向右斜。"假南十字"总是先升起来，

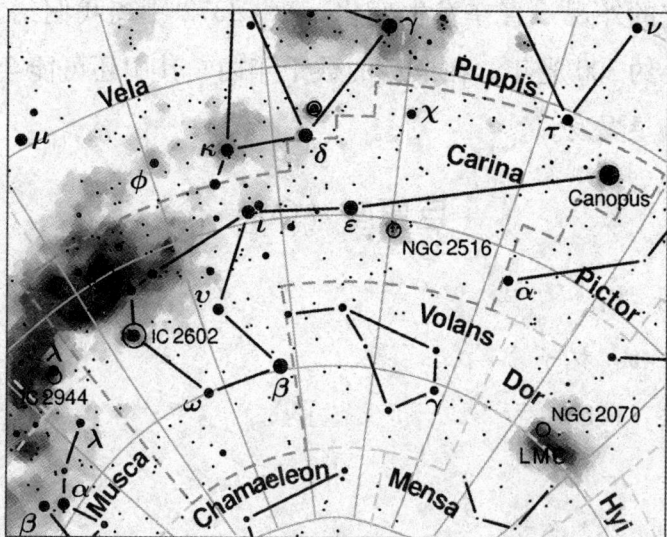

船底座

往往使人误认为是南十字座。到 6000 多年后，它将担任船底座中第二任南天极的角色。在船底座中有 1 颗全天第二亮星——老人星。西方人称它为 Canopus，意思是"斯巴达国王梅纳雷阿斯的船只导航者"。老人星距离我们约 200 光年，光度为太阳光度的 6000 倍，直径为太阳的 46 倍，质量为太阳质量的 12 倍。以天狼星为中点，向北偏西可看到猎户座的参宿四，向南偏西差不多同样距离，也可以看到发白色光芒的老人星了。在大约 12000 年后，当北天极指向织女星时，南天极就将指向老人星。

船底座有一个大星云 NGC3372（也称"船底座大星云"），其外观长期在改变，是许多大质量恒星的家园。星云内最活跃的天体是"海山二星"，即船底座 η 星，它在 19 世纪 30 年代曾短暂地成为全天最亮的恒星之一，尔后又立即变暗。在 NGC3372 的中下方可以找到"钥匙孔星云"，它的内部有数颗质量非常大的恒

星，使它的外观一直在发生变化。NGC3372 距离我们约 7000 光年，大小约 300 光年。在以后的数千年内，其中还可能会发生剧烈的超新星爆发。

* 巨爵座（Crater）

缩写：Crt

象征物：杯子

赤经：11h

赤纬：−15°

面积：282 平方度

位次：第 53 位

亮星数目：（星等 <3）0

最亮星：巨爵座 δ 星（视星等 3.57）

邻接星座：狮子座、六分仪座、长蛇座、乌鸦座、室女座

最佳观测月份：4 月（纬度变化位于 +65° 和 −90° 之间可全见）

巨爵座位于狮子座之南，长蛇座和乌鸦座两座之间。

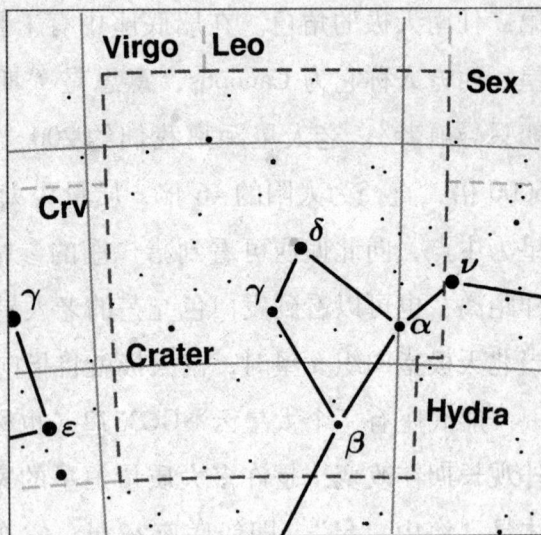

巨爵座

巨爵座内无亮星。α、β、γ 和 δ 星（翼宿一、十六、二、七）都是 4 等星，构成一个四边形。巨爵座是一个很暗的星座，它位于室女座西南，座中几颗"亮星"构成个酒杯形，其中最亮的四颗四等星 α、β、γ 和 δ 形成一个不规则的四边形，这个四边形大致与春季大三角构成一个菱形。

＊乌鸦座（Corvus）

缩写：Crv

象征物：乌鸦

赤经：12h

赤纬：−20°

面积：184 平方度

位次：第 70 位

亮星数目：（星等 <3）2

最亮星：乌鸦座 γ 星（轸宿一）（视星等 2.59）

邻接星座：室女座、巨爵座、长蛇座

最佳观测月份：5 月（纬度变化位于 +60° 和 −90° 之间可全见）

乌鸦座位于室女座西南，巨爵座与长蛇座之间。由于乌鸦座亮星很少，所以其乌鸦的形象并不明显。座内最亮的四颗 3m 星组成了一个小小的不规则四边形，其中的 γ 星和 δ 星正指向室女座的角宿一。从大熊座的北斗勺把儿延伸出的曲线经过大角、角宿一，最后在这个小四边形处中止，这条弧线就是著名的"春季大曲线"。

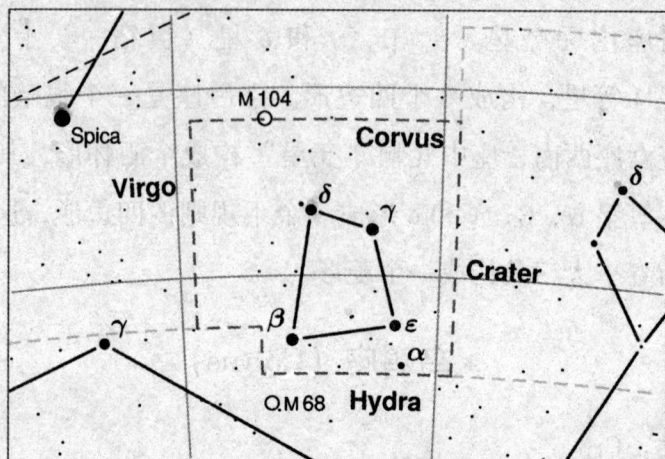

乌鸦座

公元 2 世纪古希腊天文学家托勒密在《大综合论》中就已经列出了这个小星座。在希腊神话中，它是太阳神阿波罗身边的一个侍从。这只乌鸦其实是一只白鸟，拥有漂亮的羽毛，但是它特别爱说谎，以至于有一次，由于乌鸦说谎，阿波罗误杀了他的妻子科洛尼斯，使他犯了不可挽回的错误。乌鸦因此被罚将身上漂亮的银白色羽毛变成黑色，并永受干渴之苦。因而至今乌鸦的羽毛都是黑的，而且叫声嘶哑难听。乌鸦死后，天神宙斯为了告诫后人，把这只乌鸦升到天上化为星座。

第三节 7~9月的星空

*摩羯座（Capricornus）

缩写：Cap

象征物：带鱼尾的山羊

赤经：21h

赤纬：$-20°$

面积：414 平方度

位次：40th

亮星数目：（星等 <3） 1

最亮星：摩羯座 δ 星（视星等 3.0）

邻接星座：宝瓶座、天鹰座、人马座、显微镜座、南鱼座

最佳观测月份：9 月（纬度变化位于 $+60°$ 和 $-90°$ 之间可全见）

早在 5000 年前，就已经有了摩羯座，摩羯座被认为是人的灵魂升入天堂所经过的大门。

这个南天星座大而醒目，尽管它没有一颗亮星。它的轮廓相当清楚，在黑暗的夜晚很容易辨别。尽管摩羯座很大，但是对于天文爱好者来说，它却没有多少有趣的星体，这个区域的星系都很微弱不显著。

在希腊神话中摩羯座是野山之神潘恩。它以牧神身份成为牧

羊人的守护神，其外表是上半身为羊，下半身为人，虽然外表不是很出色，但却是充满朝气活力，最爱唱歌和跳舞。有一天他在河畔巧遇仙子裘林克丝，一见钟情下欲跟踪时，裘林克丝竟惊慌而逃。潘恩

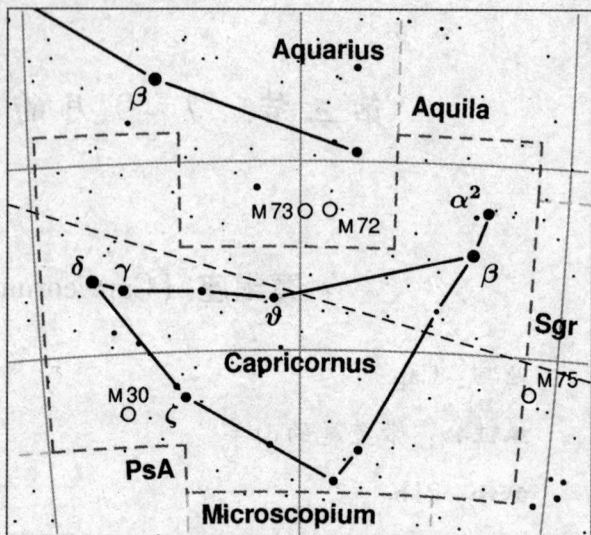

摩羯座

穷追不舍，被追的裘林克丝乃向神祈求，突然消失踪影，只见一只芦苇在风中摇曳。失望的潘恩就摘下芦苇制成笛子，吹奏思念之歌。有天在河边设宴的众神正聆听潘恩吹奏时，突然怪物杰凡出现，众神马上化身为各种动物逃亡。慌忙的潘恩也化成鱼跳至水中，但只有下半身是鱼形，成了奇怪的模样。于是，宙斯便以他的模样创造了摩羯座。

摩羯座是出现在秋天夜空西南方的星座。从摩羯座的星图上看，座内主要亮星组成了一个北边略凹进去的三角形，像是一只展翼夜空的蝙蝠。β星北面一点儿的那颗 4m 星就是摩羯座 α 星，是一颗肉眼可见的双星，还有人叫它牵牛星，是二十八宿中的牛宿。在我国古代传说中，牛宿就是牛郎养的那头老牛。它生前对牛郎忠心耿耿，临死时还嘱咐牛郎剥下它的皮披在身上，飞上天

去找织女相聚呢。牵牛星是一对双星，而每颗子星又分别是三合星，加起来，牵牛星可以称为六合星。

*天秤座（Libra）

缩写：Lib

象征物：天秤

赤经：15h

赤纬：-15°

面积：538平方度

位次：第29位

亮星数目：（星等<3）2

最亮星：天秤座β星（氐宿四）（视星等2.6）

邻接星座：巨蛇座、处女座、长蛇座、豺狼座、天蝎座、蛇夫座

最佳观测月份：6月（纬度变化位于+65°和-90°之间可全见）

天秤座是黄道星座之一，位于处女座与天蝎座之间。

在古希腊星座体系中，天秤座为天蝎座的一部分。后来古罗马人观测

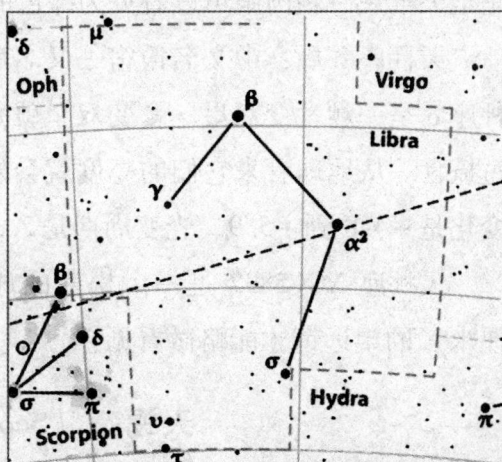

天秤座

到秋分点的位置在某颗较亮星附近，就把这一区域从天蝎座中分离出来，以正义女神阿斯特利亚（即室女座）的公平秤为之命名，那颗亮星就成为天秤座α星。

在希腊神话中，天秤乃正义女神阿斯特利亚在为人类做善恶裁判时所用的天秤。阿斯特利亚一只手持秤，一只手握斩除邪恶的剑。为求公正，所以眼睛皆蒙着。从前的众神和人类是和平共处于大地上，神虽拥有永远的生命，但人类寿命有限。因此寂寞的神只有不断创造人类，然而那时的人好争斗，恶业横行，众神在对人类失望之余回到天上。只有阿斯特利亚女神舍不得回去而留在世界上，教人为善。尽管如此，人类仍继续堕落，于是战争频发，开始了打打杀杀。最后连阿斯特利亚也放弃人类而回到天上。而天空就高挂着钟爱正义和公正的天秤座。

星座中最亮的四颗星α、β、γ、σ构成一个四边形。β星又和春季大三角构成一个大菱形。天秤座β的中文名是氐宿四，它是全天唯一一颗肉眼可以看见为绿色的星。

天秤座δ星：中文名氐宿一又名南螯，与英仙座β一样，天秤座δ是一颗食变双星。食变双星就是两颗恒星周期性的互相经过掩食。从地球看来它们的亮度就会发生变化。天秤座β的星等变化是+4.8到+5.9，光变周期是2.3日。

天秤座NGC5897是一个松散的球状星团，使用8英寸（20厘米）的望远镜才能略微看见它。

*天蝎座（Scorpius）

缩写：Sco

象征物：蝎子

赤经：17h

赤纬：-40°

面积：497 平方度

位次：第 33 位

亮星数目：（星等＜3）9

最亮星：天蝎座α星（心宿二）（视星等0.96）

邻接星座：天秤座、狐狸座、矩尺座、天坛座、南冕座、人马座、蛇夫座

最佳观测月份：7 月（纬度变化位于 +40°和 -90°之间可全见）

天蝎座是黄道十二星座中最显著的星座。它位于南半球，在西面的天秤座与东面的射手座之间，是一个接近银河中心的大星座。

夏天晚上八九点钟的时候，南方离地平线不很高的地方有一颗亮星，就是天蝎座α星。因为这时候南边低空中多是些暗星，所以它非常显著。

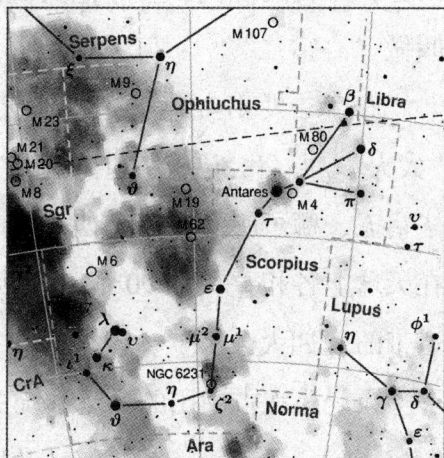

天蝎座

找到了这颗星，天蝎座的其他部分就不难认出来了。天蝎座是夏天最显眼的星座，它里面亮星云集，光是亮于 4m 的星就有 20 多颗。天蝎座又大亮星又多，简直可以说是夏夜星座的代表。再加

第四章　南天星空

上它也是黄道星座，所以格外引人注目。不过，天蝎座只在黄道上占据了短短7°的范围，是十二个星座中黄道经过最短的一个。

关于天蝎座的传说有很多，其中一个在法厄同的寓言中出现：话说有一个愚蠢的凡人获准驾驶阿波罗的太阳战车一天。但那些牵引战车的马匹失了控制，更因碰上已准备攻击的天蝎而变得惊恐。结果太阳在天上横冲直撞，直至最后由宙斯用雷电把那个凡人击落事情才解决。为了纪念这个蝎子，宙斯就将其升为天蝎座。

天蝎座从α星开始一直到长长的蝎尾都沉浸在茫茫银河里。α星恰恰位于蝎子的胸部，因而西方称它是"天蝎之心"。有趣的是，在我国古代，正好把天蝎座α星划在二十八宿的心宿里，叫做"心宿二"。

心宿二发出红色光芒，像火焰一样，因此我国古代也叫它"大火"。心宿二位于黄道附近，它和同样处在黄道附近的金牛座毕宿五、狮子座的轩辕十四和南鱼座的北落师门一共四颗亮星，在天球上各相差大约90°，正好每个季节一颗，它们被合称为黄道带的"四大天王"。

天蝎座在古中国的星座系统中是分属于三个宿——房宿（π、ρ、δ、β）、心宿（σ、α、τ）及尾宿（共九星，属天蝎的尾部），而它们都是东方青龙的一部分。

* 南冕座 （CoronaAustrilis）

缩写：CrA

象征物：南方皇冠

赤经：19h

赤纬：-40°

面积：128 平方度

位次：第 80 位

亮星数目：（星等＜3）0

最亮星：南冕座 α 星（视星等 4.1）

邻接星座：人马座、天蝎座、天坛座、望远镜座

最佳观测月份：8 月（纬度变化位于 +40°和 -90°之间可全见）

南冕座位于人马座南面，望远镜座以北的银河边上，是南天星座之一。这个星座在赤纬 -40°附近，我国北方很难看到。虽然最亮时只有 4 等，但仍然很耀眼。

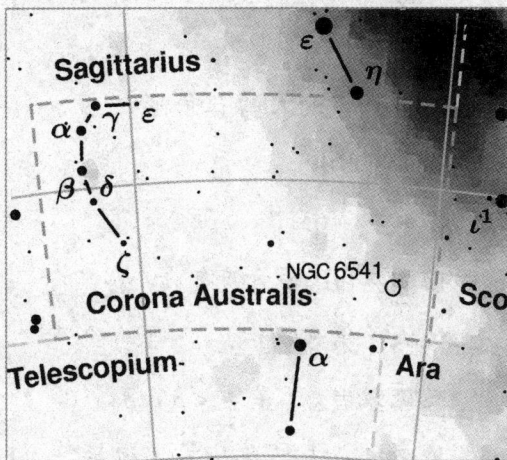

南冕座

南冕座是一个由暗星组成的星座，座内几颗暗星也像北冕座似的组成了个冠冕的样子，与北冕座相对，但南冕座远不如北冕座明显而易于辨认。传说，南冕是天神为了表彰马人喀戎的功绩而奖给他的一顶桂冠。

在晴朗的夜晚，如果你用广角望远镜来观察这个星座的话，你可能会发现一朵宇宙尘埃云蜿蜒穿过繁星点点的星场。这朵尘

埃云的距离可能不到 500 光年远，它遮掩了来自银河系较遥远背景恒星的星光。尘埃云最致密的区域全长约为 8 光年，它左下端点处有一系列美丽的反射星云，其编号分别为 NGC6726、6727、6729 及 IC4812，它们特有的蓝色色泽来自尘埃对炽热恒星光的反射。蓝色星云附近有个小而有趣的黄色弧，它标定了年轻变星南冕座 R 星之所在。

* 南三角座 （TriangulumAustrale）

缩写：TrA

象征物：南天的三角形

赤经：16h

赤纬：−65°

面积：110 平方度

位次：第 83 位

亮星数目：（星等 <3）3

最亮星：南三角座 α（视星等 −1, 91）

邻接星座：矩尺座、天坛座

最佳观测月份：7 月（纬度变化位于 +25° 和 −90° 之间可全见）

在南门双星的东南方向，你可以找到一个由两颗 3m 星、一颗 2m 星构成的等腰三角形，它就是南三角座。南三角座位于天燕座之北，矩尺座之南，天坛和圆规两座之间。这个三角形朝北顶角的角平分线，正指向南天极。在夏夜的星空，它也可以为你指明方向。

星座中最亮的是南三角座 α 星，在我国古代称为"大角"，属于二十八宿中的亢宿。它是春季星空的主要亮星之一，全天第四亮星，北天第一亮星，发出柔和的橙色光芒。大角的半径约为太阳半径的 23 倍（约 1600 万千米），目视星等为 - 0.04 等，绝对

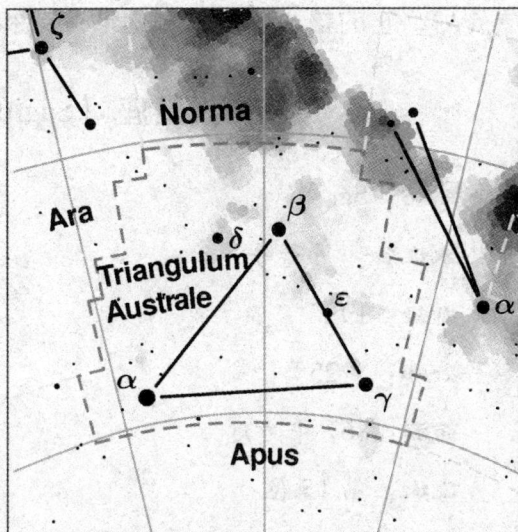

南三角座

星等 - 0.23 等。光度约为太阳的 190 倍，距离约 33.6 光年。大角是距离太阳系最近的红巨星之一，不断向宇宙中抛射物质，其质量损失变化率很大，属于光谱变星。

自古以来，世界上很多地区都把大角当作定季节和方向的重要恒星。在现代天文学中，大角则作为照相法和光电法测量视向速度的标准恒星。

在这个远南天星座中，人们还发现了一个奇特的行星状星云——沙漏星云，代号为 MyCn18。因为它很像古代记时用的沙漏，人们便根据它的模样取了个形象的名字。这个星云距离地球大约 8000 光年之遥。对产生这个行星状星云的恒星来说，它的来日的确是不多了。当一颗类似太阳的恒星，用完它中心的核燃料后，会经过这种短暂但很美丽的生命终结阶段，在它抛出外层的

气壳后，它的核心成为一颗逐渐冷却和慢慢变暗的白矮星。

*人马座（Sagittarius）

缩写：Sgr

象征物：弓箭手

赤经：19h

赤纬：−25°

面积：867 平方度

位次：第 15 位

亮星数目：（星等＜3）5

最亮星：人马座 ε 星（箕宿三）（视星等 1.85）

邻接星座：蛇夫座、天蝎座、南冕座、望远镜座、印第安座、显微镜座、摩羯座、天鹰座、盾牌座、蛇尾座

最佳观测月份：8 月（纬度变化位于 +55° 和 −90° 之间可全见）

人马座也是黄道星座（人马座在黄道星座中也被称为"射手座"）。夏夜，从天鹰座的牛郎星沿着银河向南就可以找到它。因为银河的中心就在人马座方向，所以这部分银河是最宽最亮的。

古希腊人把它想象为张弓搭箭的马人喀戎，箭头正指向西面的那只大蝎子（天蝎座）。

这个星座中的 μ、λ、φ、σ、τ、ζ 六颗星，它们也组成了一个勺子的形状，勺子最前端的 ζ 和 τ 两颗星的连线指向牛郎星，我国古代把这六颗星称为"南斗"，"北斗七星南斗六"，这历来是看星家的口诀。不过南斗六星只有一颗 2m 星，其他都是 3m、

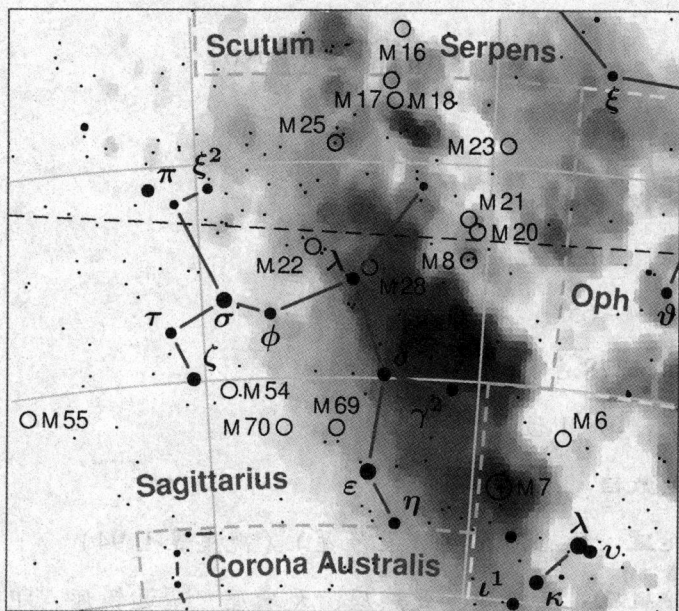

人马座

4m 的暗星，所以远不如北斗七星那么一目了然。

　　我国古代把人马座这一区域的星分成两部分，南斗六星是斗宿，喀戎弓箭下边的星属箕宿。斗是量米用的，箕是扬粮食用的，它们都是农具，常常并称。

　　人马座正对着银心方向，所以它里面的星团和星云特别多。在南斗 σ 和 λ 两星连线向西延长一倍的地方，可以看到一小团云雾样的东西，这其实是个星云。在望远镜里看上去，它是由三块红色的光斑组成的，十分好看，被称为"三叶星云"。人马座里的星云还有不少，比如在南斗斗柄 μ 星的北面，有个星云很像马蹄子的形状，因此被称为"马蹄星云"。

*孔雀座（Pavo）

缩写：Pav

象征物：孔雀

赤经：20h

赤纬：−65°

面积：378 平方度

位次：第 44 位

亮星数目：（星等 <3）1

最亮星：孔雀座 α 星（孔雀星）（视星等 1.94）

邻接星座：南极座、天燕座、天坛座、望远镜座、印第安座

最佳观测月份：8 月（纬度变化位于 +30°和 −90°之间可全见）

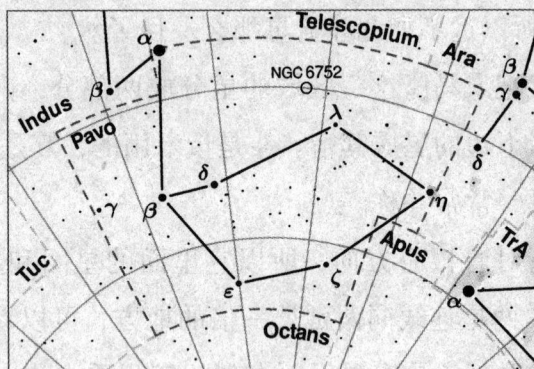

孔雀座

孔雀座是南天星座之一，位于印第安座和天燕座之间，南边紧挨着南极座，北面与望远镜座相邻。

孔雀座的赤纬很低，只有南半球的观测者可以在春夜一览它

的风采。座内亮星很少，最亮的 α 星为 2m 星，这颗星又叫"孔雀十一"。

传说大英雄伊阿宋因觅取金羊毛有功，凯旋归来后，天后赫拉将阿耳戈化成一只孔雀，守在她驾前。后来有一次，赫拉命百眼怪去看守一位被害而变成小白羊的女祭司伊娥。百眼怪长有 100 只眼睛，即使在睡觉时，仍有 50 只眼睛睁得大大地监视着小白羊的动静。多亏神使赫耳墨斯用一支芦笛，吹奏起催眠曲，终于使百眼怪闭上了所有 100 只眼睛。这时赫耳墨斯乘机将百眼怪杀死，救出伊娥，使她恢复了美丽的原身。赫拉懊丧之余，将百眼怪的 100 只眼睛全部放在她身边的孔雀尾巴上，成为现在所看到的、在南天空中昂首开屏的孔雀座。

＊豺狼座（Lupus）

缩写：Lup

象征物：狼

赤经：15h

赤纬：−43°

面积：334 平方度

位次：第 46 位

亮星数目：（星等 <3）3

最亮星：豺狼座 α 星（视星等 2.3）

邻接星座：矩尺座、天蝎座、圆规座、半人马座、天秤座、长蛇座

最佳观测月份: 6 月（纬度变化位于 +35°和 −90°之间可全见）

豹狼座是南天星座之一，位于天秤座正南，天蝎座西南，也就是在南天亮星心宿二与南门双星之间。

古罗马神话传说中，战神玛尔斯与瑞娅西尔维娅生了一对孪生兄弟罗慕洛和瑞穆斯，被仇人发现弃入河中，婴儿在篮里漂流到一棵无花果树下，为一只母狼守护、哺养。两兄弟长大成人，得知其身世，杀死仇人。他们决意在母狼哺育他们的地方另建新城，古罗马从此诞生。传说中这只母狼后来成了天空中的豹狼座。国外还有人把豹狼座描绘成扎在半人马座矛尖上的一只野兽，作为献给诸神的祭品放在祭坛上，也就是附近的圣坛座上。

豺狼座

星座内有四颗 3m 星，十多颗 4m 星，这在南天其他 41 个星座中算是比较亮的一个了。可惜，它在赤纬 −40°附近，北半球一般很难看到这个星座。

*天坛座（Ara）

缩写：Ara

象征物：圣坛

赤经：17.39h

赤纬：-53.58°

面积：237 平方度

位次：第 63 位

亮星数目：（星等 <3）2

最亮星：天坛座 β 星（视星等 2.9）

邻接星座：南冕座、天蝎座、矩尺座、南三角座、天燕座、孔雀座、望远镜座

最佳观测月份：7 月（纬度变化位于 +25°和 -90°之间可全见）

天坛座是南天星座之一，位于天蝎座正南方的银河当中。它的形状是一个不规则的"H"形，这也是该星座的主要标志。浩瀚的银河从人马座、天蝎座流经天坛座，然后向南奔向南三角座和半人马座。

在古希腊神话中，天坛是天界常明着圣火的祭坛。这背后还有一个关于主神宙斯的故事。传说克洛诺斯害怕其子女推翻其统治，于是吞下妻子雷亚所生之儿女。其妻暗中藏起一个孩子，以石头调包给克洛诺斯吞下，而把孩子藏于克里特岛一个山洞中，此孩子就是宙斯。

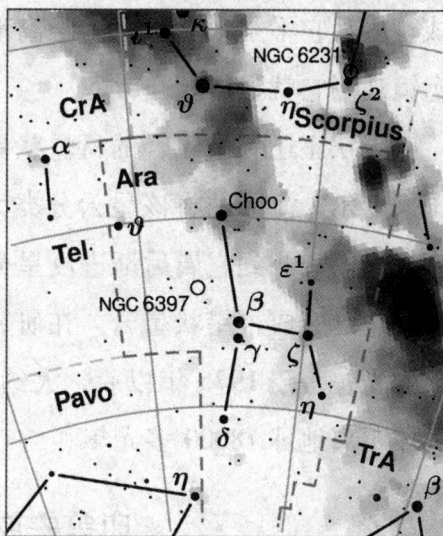

天坛座

第四章 南天星空

当宙斯长大后，回到父亲克洛诺斯之宫殿，强迫克洛诺斯吐出以前吞下的子女，众子女和宙斯连成一阵线设坛立誓推翻克洛诺斯残暴的统治，经过长达十年的战争后，宙斯终取得胜利，为纪念当初立誓之事，故在天上设天坛座。

这个星座的面积较小，主要是由二等和三等大星构成。其中最明亮的星是天坛座 β 星。

在这个星座中有一个巨大的疏散星团——NGC6193，它所散布的区间相当于满月的月面的一半。此外，还有距离地球最近的NGC6397 球状星团，它由组成这一类星团的恒星疏松的集合而成。尽管它不是太大，但因距离地球比较近，所以用一架小型望远镜观测它就显得相当大。

天坛座还有最年轻的行星状星云——刺魟星云。1950 年，美国人卡尔·海因兹将该星云分类为 A 或 B 型 Hα 谱线恒星。1971年，人们观测到它属后渐进巨星分支的 B1 型超巨星，至 1989 年发现它已变成行星状星云。在研究学者得出的结论中，指星云云气的光芒是于 1975 年以后，大约 1987 年左右抵达地球，而这颗天体距离地球 18000 多光年。

* 印第安座（Indus）

缩写：Ind

象征物：印第安人

赤经：21.20h

赤纬：−57°

面积：294 平方度

位次：第 49 位

亮星数目：（星等 <3）0（所有恒星暗于 3 等）

最亮星：印第安座 ε 星（视星等 6.4）

邻接星座：显微镜座、人马座（一角）、望远镜座、孔雀座、南极座、杜鹃座、天鹤座

最佳观测月份：9 月（纬度变化位于 +57°和 -90°之间可全见）

在南天星空美丽的杜鹃、天鹤和孔雀之间，有个孤独的印第安人，这便是印第安座。

1603 年德国业余天文学家巴耶划定印第安座。当时欧洲人第一次看到从新大陆来的土著居民，于是巴耶就设置了这个象征印第安人形象的星座。虽然在这一部分星空里，看不出一个印第安人的具体形象，可是这一位星空中的印第安人脚踏南极座，西面和北面有遥望宏大宇宙世界的天文望远镜和俯视微小世界的显

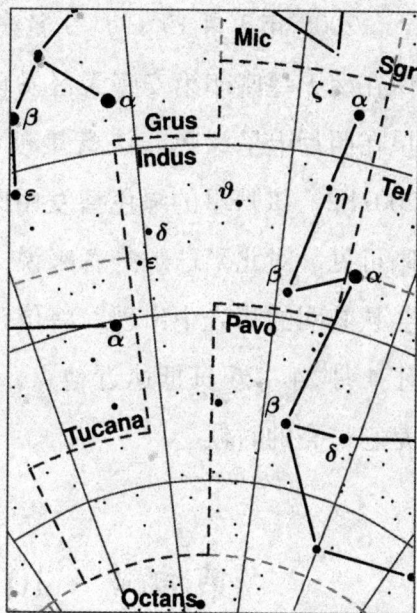

印第安座

微镜为邻，身旁还有他家乡的杜鹃鸟（杜鹃座），水边的天鹤和林中的孔雀（孔雀座）、极乐鸟天燕（天燕座）、永生鸟凤凰（凤凰座）等 5 只飞鸟簇拥着它翱翔，所以它在星空中所占的位置还

是相当不错的。

印第安座的 ε 星，是这个星座比较特殊的一颗恒星，距离地球 11.83 光年。印第安座 ε 星的自行运动速度在肉眼可见的恒星中排名第二，仅次于天鹅座 61。天文学家玛格丽特·端贝尔与吉儿·塔特曾经列出一份名单，其中包括 17129 颗最接近太阳并且很可能拥有可以孕育出复杂生物的行星的恒星，印第安座 ε 星则在该名单中名列首位，这大概就是这颗星最与众不同之处吧。

2008 年 3 月 15 日，一名澳大利亚天文爱好者特里·拉夫乔伊在南天星座印第安座天区发现一颗亮度为 9 等的彗星，这颗彗星在照片上呈绿色。该彗星被命名为拉夫乔伊彗星，编号为 C/2007E2。该彗星的绿色彗发用肉眼难以看到，但是在望远镜中清晰可见。对北半球观测者来说，拉夫乔伊彗星直到 4 月第 2 周才会从黎明的曙光中出现，将位于摩羯座和人马座之间。该彗星将于 4 月 24～26 日抵达近地点，距地球距离 6600 万千米，这也将是它最亮的时候。

第四节　10～12 月的星空

* 波江座（Eridanus）

缩写：Eri

象征物：江河

赤经：3.25h

赤纬：-29°

面积：1138 平方度

位次：第 6 位

亮星数目：（星等 <3）4

最亮星：波江座 α 星（水委一）（视星等 0.46）

邻接星座：鲸鱼座、天炉座、凤凰座、水蛇座、杜鹃座（一角）、时钟座、雕具座、天兔座、猎户座、金牛座

最佳观测月份：12 月（纬度变化位于 +32°和 -90°之间可全见）

波江座是个蜿蜒的、在南北方向延伸的星座。它位于猎户座的西南方向，最佳观测月份在 11 月到 1 月。波江座的拉丁语名称为 Eridanus，意为河流，是意大利的波河在神话中的名字。"波江"从猎户座的参宿七开始"发源"，在金牛座、鲸鱼座、天炉座和天兔座之间弯曲而行，流向西南天空，直到注入南方地平线以下看不见

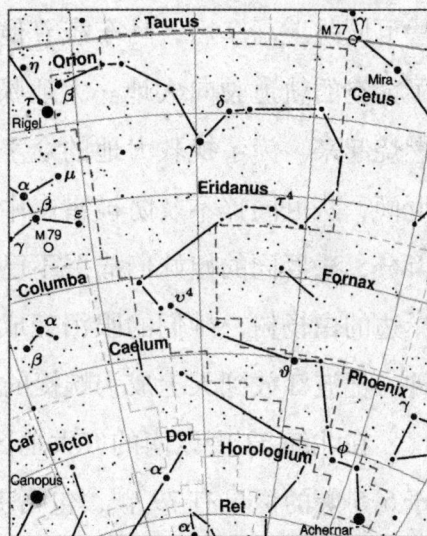

波江座

的地方为止。在波江座的最南端是其中最亮的 α 星——中国星名"水委一"。波江座从北向南延伸约 57 度，在所有星座中，它的面积排在第六位。

第四章　南天星空

根据早期的希腊神话，太阳神名叫赫利俄斯（后期的希腊神话把太阳神称为阿波罗），据说他和森林女神克吕墨涅结合生有一子，名叫法厄同，此外还有 5 个女儿。有一次，法厄同被同伴羞辱，说他是私生子。法厄同非常气愤，为了表明他是伟大的太阳神之子，他找到父亲赫利俄斯询问，慈祥的父亲对他说，"我亲爱的孩子！你的确是我的儿子，你有任何愿望我都可以帮助你实现。"法厄同要求驾驶父亲的神马宝车，以向他的同伴证明或炫耀自己。但是，太阳神的马车可不是谁都可以驾驶的，无奈的是，做父亲的应当说话算话。他只想让儿子玩一玩自己的马车。法厄同跳上马车后，马车载着他很快狂奔起来，太阳车很快脱离了太空的轨道驶向大地。大地骤然变热，河流开始干涸，森林也燃烧起来。为了挽救大地的众生，天神宙斯不得不用雷电射向法厄同，法厄同猝不及防被雷击中坠入波江惨死。太阳神一家悲痛万分，法厄同的姐妹们痛哭不已，结果他们的身体都化作了波江岸边的白杨树，她们的眼泪变成了琥珀。天神宙斯为了安慰太阳神，把波江放到天上成为蜿蜒的波江座。

在北纬 32 度以南的广大地区可以看到完整的波江座，其中亮于 5.5 等的恒星有 79 颗，包括 1 等星 1 颗、3 等星 3 颗。波江座大多数星星都比较暗弱，虽然这个星座附近的恒星不多，不过人们仍然比较容易辨认它。

波江座 α 星，又称水委一，是全天 20 颗最亮星之一（排名第 9 位），其亮度为 0.5 等，它的拉丁文名字 Achernar 源于阿拉伯文"河尾"，是一颗蓝白色的大恒星，其半径为太阳半径的 8 倍，表面温度为 14500 开尔文。

波江座 ε 星是一颗离太阳系很近（距离 10.5 光年）的星。其亮度 3.72 等，它之所以著名是因为天文学家认为它附近可能存在行星，甚至有人进一步猜想其上面可能存在地外文明。

*南极座（Octans）

缩写：Oct

象征物：八分仪

赤经：22h

赤纬：－90°

面积：291 平方度

位次：第 50 位

亮星数目：（星等 <3）0

最亮星：南极座 ν 星（视星等 3.73）

邻接星座：杜鹃座 印第安座 孔雀座 天燕座 堰蜓座 山案座 水蛇座

最佳观测月份：11 月（纬度变化位于 +0°和 －90°之间可全见）

南极座是最南边的星座，南天极就在它里面。座内无亮星，只有 4 等星 3 颗。

南极座和小熊座是全天两个很荣耀的星座。小熊座有北极星，可惜的是南极座的星都很暗，没有与北极星相比美的南极星。目前，肉眼能观测到的最靠近南天极的恒星，是 1 颗 5 等星。

南极座 α 星（5.4 星等，白色）就是南极星，它大约偏离南

南极座

极1度。它对导航作用极小，因为它位于肉眼可见范围的极限，且需要理想的观察条件。北半球的北极星比它要亮20倍。

尽管如此，仍然可以根据南极座附近的星座和亮星的位置，大致确定南天极的位置。例如，由波江座的水委一和半人马座的马腹一联线的中点；由船底座与船帆座之间的"假南十字"和孔雀座的孔雀十一联线的中点；由苍蝇座的一对眼睛蜜蜂三和蜜蜂一与小麦哲伦星云联线的中点；天狼星和老人星联线向南延长1倍距离；南十字座的"十"字形的一竖向南延伸4倍距离等。当然这些方法，都只能在南半球中纬度以上地区进行。

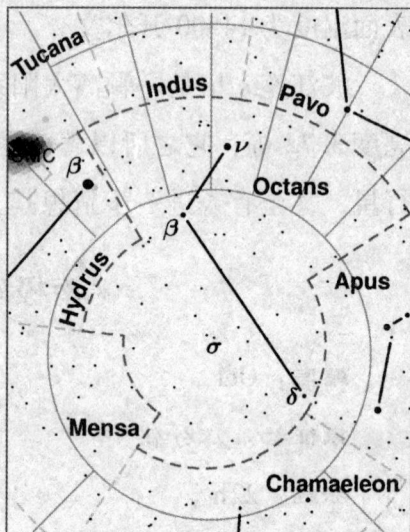

＊杜鹃座（Tucana）

缩写：Tuc

象征物：杜鹃鸟

赤经：0h

赤纬：−65°

面积：295平方度

位次：48th

亮星数目：（星等<3）1

最亮星：杜鹃座α星（视星等2.87）

邻接星座：天鹤座、印第安座、南极座、水蛇座、波江座、凤凰座

最佳观测月份：11月（纬度变化位于+25°和−90°之间可全见）

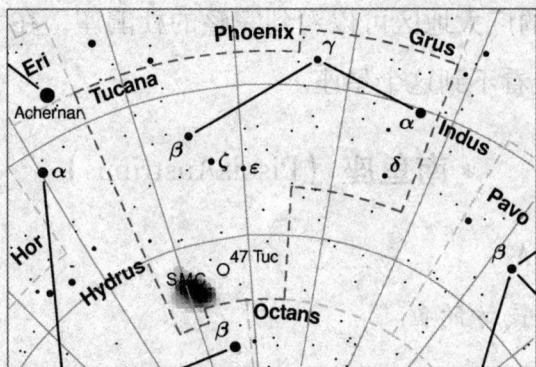

杜鹃座

杜鹃座是南方的细小星座，是杜鹃鸟的意思。南天星座，接近波江座的亮星水委一，在天上另外两只鸟（天鹤座及凤凰座）的南边。

杜鹃座是荷兰航海家 P. D. 凯泽等最早创设的星座。杜鹃是生活在南美洲的一种嘴巴巨大、羽毛艳丽的鸟，1603 年，德国天文学家巴耶尔在他绘制的星图中采用了该星座。

传说天神宙斯爱恋赫拉，一次，他看到赫拉在林中漫步，便立即降下一阵暴雨，自己则化作杜鹃，假装躲雨，藏于赫拉衣襟内，然后现出原形拥抱赫拉，并发誓非赫拉不娶。杜鹃是宙斯的化身，在天宇成为星座。

在我们银河系中有 200 多个球状星团绕着银河中心运转，杜鹃座 47 是第二亮的球状星团（仅次于半人马座的 ω 星团）。杜鹃座 47 所发出来的光要走 2 万年才会到达地球。观测表明，杜鹃座 47 中包含了至少 20 颗毫秒脉冲星。

杜鹃座在每年 9 月 17 日子夜杜鹃座的中心经过上中天。在北纬 14 度以南的广大地区可以看到完整的杜鹃座，在北纬 33° 以北的地区则完全看不到这个星座。

*南鱼座（PiscisAustrinus）

缩写：PsA

象征物：南方的鱼

赤经：22h

赤纬：-30°

面积：245 平方度

位次：第 60 位

亮星数目：（星等 <3）1

最亮星：南鱼座 α 星（北落师门）（视星等 1.16）

邻接星座：摩羯座、显微镜座、天鹤座、玉夫座、宝瓶座

最佳观测月份：10 月（纬度变化位于 +55° 和 -90° 之间可全见）

南鱼座是南天星座之一。位于宝瓶座以南，天鹤座北面，显微镜座与玉夫座之间。

顺着宝瓶座的宝瓶中流出的水找去，便可以看到在南面天空中有 1 颗亮星，这就是南鱼座最亮的 1 等星——北落师门。由于

北落师门周围的星都
很暗，因此，这颗孤
独的亮星更显得突出。
再由这颗亮星向西有
六七颗较暗的星，它
们共同组成一条鱼的
形状。南鱼是古巴比
伦的鱼神。

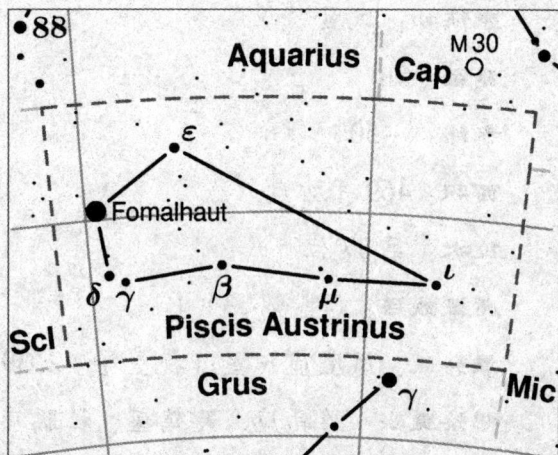

南鱼座

首要并且是唯一
的亮星，它是南鱼座
α 星是颗蓝白色的巨星，距离地球 25 光年，全天第 17 亮星（不
包括太阳）。在地球上的视星等为 1.16。秋季的亮星很少，在南
天，它简直是最亮的一颗了。在周围一大片暗星的映衬下，它显
得光彩夺目，鹤立鸡群，可又带给人一丝孤独的感觉。

南鱼座的亮星北落师门位于黄道附近，它和同样处在黄道附
近的金牛座毕宿五、狮子座的轩辕十四、天蝎座的心宿二四颗亮
星，在天球上各相差大约 90°，正好每个季节一颗，它们被合称
为黄道带的"四大天王"。

每年 8 月 25 日子夜，南鱼座的中心经过上中天。在北纬 53°
以南的广大地区可以看完整的南鱼座；在北纬 53° 以北的地区则
看不到该星座。

*凤凰座（Phoenix）

缩写：Phe.

象征物：凤凰

赤经：0h

赤纬：−50°

面积：469 平方度

位次：第 37 位

亮星数目：（星等 <3）1

最亮星：凤凰座 α 星（视星等 +2.39）

邻接星座：雕具座、天鹤座、杜鹃座、水蛇座、波江座、天炉座

最佳观测月份：10～11 月（纬度变化位于 +32°和 −90°之间可全见）

凤凰座位于玉夫座以南，杜鹃座以北，波江座与天鹤座之间。也就是在南鱼座的北落师门和波江座的水委一这两颗亮星间的那片不太亮的星座。

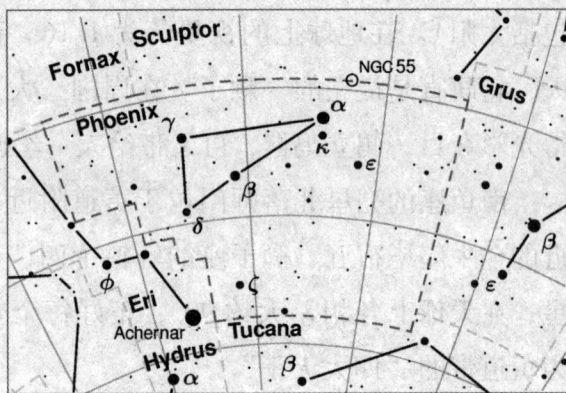

凤凰座

这个星座中的星虽然不太亮，但基本上可以看作是一只从火焰中展翅起飞的新生的凤凰的形象。所以 1603 年德国业余天文学家巴耶将这一部分星座命名为凤凰座。

"凤凰"，实际上指的是西方人所说的"不死鸟"，传说凤凰是太阳神驾前的圣鸟，每五百年自焚一次，随即又从自身火化的灰烬中再生出来。在南半球，每到春夜，人们便可以看到这只百鸟之王率领着杜鹃、孔雀、天燕和天鹤，五禽春宵共舞闹南极的精彩场面。

* 天鹤座（Grus）

缩写：Gru

象征物：鹤

赤经：22h

赤纬：$-47°$

面积：366 平方度

位次：第 45 位

亮星数目：（星等 <3）2

最亮星：天鹤座α星（视星等 +1.73）

邻接星座：南鱼座、显微镜座、印第安座、杜鹃座、凤凰座、玉夫座

最佳观测月份：10 月（纬度变化位于 +34°和 −90°之间可全见）

　天鹤座位于南鱼座的亮星北落师门之南，杜鹃座之北。阿拉伯人曾把它划为南鱼座的一部分。1604 年德国业余天文学家巴耶的星图上首次将它划为独立的星座。18 世纪的英国人又把它称为"红鹤座"。

　星座中α星是全天排名第 30 位的亮星，视星等为 1.74 等，

距离地球 78 光年。天鹤座 β 星是不规则变星，其视星等变化在 2.0 等和 2.3 等之间，距离 260 光年。天鹤座 γ 星是颗巨星，视星等 3.01 等，距离 230 光年。在此星座中有两颗肉眼可以分辨的目视双星——天鹤座 θ，其主星的视星等为 4.5 等，伴星的视星等为 7.0 等，复合星等为 4.4 等。但实际上是由于双星的子星正巧位于同一视线方向而形成的，其实并没有物理上的联系。

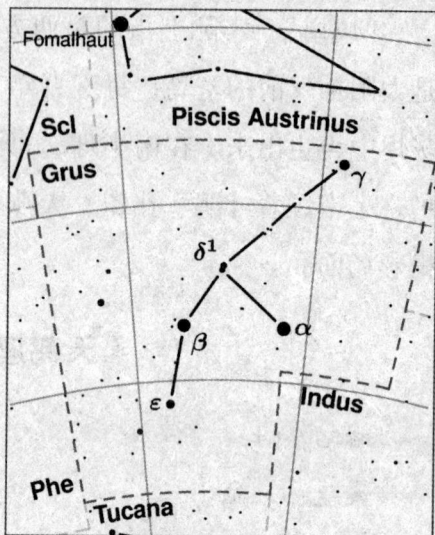

天鹤座

天鹤座有一个编号为 NGC7424 的星系，这个"宇宙岛"因为和银河系类似（也有大约 10 万光年的大小）备受瞩目，它距离我们大约 3700 万光年。在它的一个中央有明显棒状结构的漩涡星系，沿着缠绕的旋臂可以发现许多明亮而有着蓝色大质量年轻恒星的星团，而这些星团的直径约数百光年。这些白色的大质量恒星在 NGC7424 的旋臂中诞生，就在相同的地方也是它们消逝的处所。值得一提的是，这个星系中出现了一颗超新星——SN2001ig，它在一张深曝光的欧洲南方天文台影像中被记录到。

超新星 SN2001ig 发生于 NGC7424 星系边缘处，2001 年 12 月爆发时被澳洲最著名的"超新星猎手"BobEvans 观测到。在接下来的时间里，这颗超新星得到了位于智利的光学望远镜的严密监

测。根据超新星的光学光谱特征可区分成不同的类别。SN2001ig
最初显示出氢元素的光谱信号，这使得它被贴上了"Ⅱ型超新
星"的标签。

＊水蛇座（Hydrus）

缩写：Hya

象征物：海蛇

赤经：0h05m－4h40mh

赤纬：－58°　－82°

面积：243平方度

位次：第61位

亮星数目：（星等＜3）3

最亮星：水蛇座 α 星
（视星等2.86）

邻接星座：南极座、印
第安座、杜鹃座、波江座、
网罟座、山案座

最佳观测月份：11月（纬
度变化位于＋8°和－90°之间可
全见）

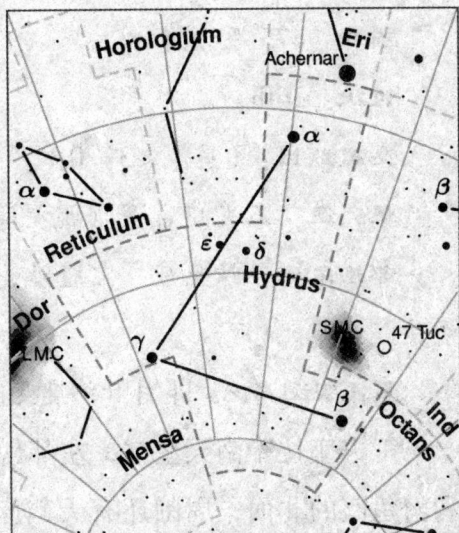

水蛇座

水蛇座是一个远离黄道
的星座，位于大小麦哲伦星
云之间。大小麦哲伦星云是地球所在的银河系的伴星系，都是不

规则星系。16 世纪晚期，荷兰航海家凯泽和豪特曼首先确认了这个星座，后来被收录在拜尔 1603 年的星图中。其中三颗最亮的星组成一个三角，几乎正指南天极的相反方向。

水蛇座象征小水蛇，位于水委一及南天极之间，此星座易与长蛇座混淆，两者大小有别。水蛇座最亮星为 2.8 等的蛇尾一。

＊玉夫座（Sculptor）

缩写：Scl

象征物：theSculptor

赤经：0.5h

赤纬：−32.35°

面积：475 平方度

位次：36th

亮星数目：（星等＜3）0

最亮星：玉夫座 α 星（视星等 4.31）

邻接星座：鲸鱼座、宝瓶座、南鱼座、天鹤座、凤凰座、天炉座

最佳观测月份：11 月（纬度变化位于 +50°和 −90°之间可全见）

玉夫座位于南天星空，左邻鲸鱼座，右接凤凰座，在宝瓶座和南鱼座的北面，周围还有天鹤座、天炉座两个星座。整个星座完全处在银河之中。

1750 年法国的天文学家尼古拉·路易·德·拉卡伊为了填补南天星空中的空白而划定了一个小星座，原来玉夫座的星系的名

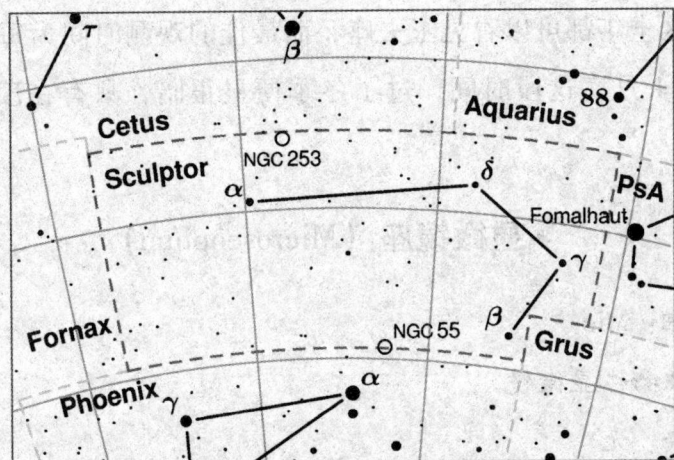

玉夫座

字为"雕刻家的工作室",在拉丁化时被缩减成为了"Sculptor",译为"玉夫座"。由于这个星座被划分得太晚,因此没有别的神话事物来命名这一星座。

　　玉夫座所以引人注目,是因为玉夫座位于恒星密度非常低的南银极。在南半球中纬度进行观测,当玉夫座升到头顶上时,银河正好与当地的地平重合,人们就看不到银河。这时观测玉夫座方向的星空,可以最大限度地避免银河系本身的天体阻碍,看到更遥远更暗弱的河外天体。玉夫星座中的玉夫座矮星系是属于本地群的一个矮星系。还有玉夫座星系团是最靠近本地群的星系团。玉夫座星系(NGC253)是一个棒旋星系,位于玉夫座和鲸鱼座交界处,是这个星系团中最大的星系。集团中另一个主要的成员是不规则星系NGC55。最亮的玉夫座 α 是一颗白羊座 SX 型变星,星等也只有 4.31,在繁满的星空中显得非常暗弱。

　　天文学家拍摄到的玉夫座景观纬度变化位于 + 50°和 − 90°之

间的地区全年都可以看见玉夫座，而最佳的观测时间为每年的 10 月底至 11 月底这段时间，过了冬季便显很暗，只有在凌晨才能看见。

＊ 显微镜座 （Microseopium）

缩写：Mic

象征物：显微镜

赤经：无

赤纬：−36°

面积：210 平方度

位次：第 66 位

亮星数目：（星等 <3）0

最亮星：0（视星等 4.7）

邻接星座：摩羯座、南鱼座、天鹤座、印第安座、孔雀座、人马座、望远镜座

最佳观测月份：8 月（纬度变化位于 +45° 和 −90° 之间可全见）

显微镜座位于摩羯座之南，天鹤座和人马座两座之间。这个小星座是拉卡伊于 1752 年确立的，它几乎没有显著的亮星，并且对小型望远镜，这里没有什么有趣的东西，它的名字是为了纪念 16 世纪末显微镜的发明。北半球中纬度地区在南方地平线晴朗的情况下，可以看见这个星座中的一个双星——显微镜座 α。

座内无亮于显微镜座 4 等的星，有 5 等星 14 颗。显微镜座中最有名的星是显微镜座 δ 星，中名"天弁二"。它是一类短周期

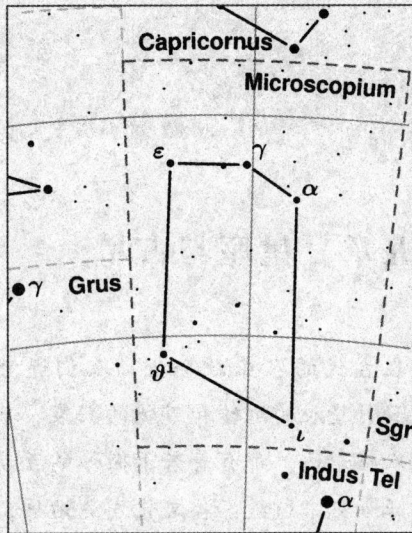

显微镜座

脉动变形的典型，即常说的盾牌 δ 型变星，显微镜座 δ 的亮度极大为 4.6 等，极小时为 4.79 等，光变周期为 0.193769 天，即 4 时 39 分 1.7 秒。

第五章　星座与占星

　　在古代的农业社会里，人们逐渐发觉：日月星辰的运转和万物的兴衰，甚至人的人格命运，都有着若干微妙的互动关系。正如史书所载：各文化发达地区，如中国、埃及、中亚等地，均设有专门官吏，负责观测、记录及预告天象、星空等事宜，这也是占星术的起源。

　　无论是在东方还是西方，占星术在人类文明进程中，都扮演了举足轻重的角色，而它与现代天文学的渊源也颇深。

第一节　西洋占星术

占星术在古代的西方又被称为星相学。古代西方人自从注意到天上的星座的同时，就开始把星座与人联系起来，并发展成为一门专门的星相学。

星相学的理论基础存在于公元前 300 年到公元 300 年大约 600 年间的古希腊哲学中，这种哲学将星相学和古美索不达米亚人的天体"预兆"结合起来。星相学家相信，某些天体的运动变化及其组合与地上的火、气、水、土四种元素的发生和消亡过程有特定的联系。这种联系的复杂性，反映了变化多端的人类世界的复杂性。千变万化的人类世界还不能为世人所掌握，因此，星相学家的任何错误都很容易找到遁词。

星相学对于神的作用有各自不同的说法。有人认为，宇宙完全是机械化的，他们对神的介入和人的自由意志这两种可能性都加以摈弃。另一部分人认为，星相学并不是一门像天文学那样精密的科学，它只能指出事物发展的趋势，而这种趋势是可以为人或神的意志所左右的。也有人认为，行星本身就是强大的神，他们的旨意可以通过祈祷来改变，而且星辰只对那些通晓星相学的人才显示神的意志。后面的这种观点和古代美索不达米亚人的思想很接近，他们主要是向朝廷预告那些即将来临的福祸，这些福祸可能以气象或疾病的形式来影响人类和动植物的生长，或是以

某种形式来影响国家大事或皇室成员的生活等。但他们认为天体的预兆并不决定事物的未来，只是作为一种征兆向人们显示神的旨意。

占星术的最初目的，是根据人们出世时行星和黄道十二宫的位置，来预卜他们一生的命运。后来发展为几个分支，一种专门研究重大的天象（如日食或春分点的出现）和人类的关系，叫做总体占星术；一种选择行动的吉祥时刻，叫做择时占星术；另一种叫做决疑占星术，根据求卜者提问时的天象来回答他的问题。

西洋占星术（星相学）起源于古美索不达米亚人的天体预兆。公元前 18 世纪到前 16 世纪的古巴比伦王朝，出现第一本分门别类论述天体预兆的锲形文字的书。公元前 6 到前 4 世纪，天体预兆学说传入埃及、希腊、近东地区

古代西方星图

和印度，后来经由印度僧人传到中亚。

公元前 3 世纪以来，占星家把大小宇宙相对应的概念数学化。所谓的"小宇宙"指人体。他们还把黄道十二宫进一步细分，认为五星在黄道不同的弧段上的作用各有主次。某星对人的影响力按照其所处的弧段以及与其他敌友弧段的关系而定。十二宫又和

人体的特定部位相应，千变万化的物质世界和人的性格多少也和十二宫有关。星相学家根据给定的时刻的日月五星坐标和黄道十二宫的位置，以及它们之间复杂的几何关系，算出行星的影响力，再利用占星天宫图，找出上述各种因素与地上事件的对应关系，得出占星的结果。这种结果有时自相矛盾，这就需要占星者根据求占者的情况和占星者本人的经验加以圆通。到公元 1 世纪之后，上述方法已经定型。

公元前 30 年，占星术开始真正繁荣起来，那时天体的运行规律已被大体掌握，占星师已经可以预先知道某个时期的行星位置，作为命运预言者已经成为一种职业，那时占星师同时也是天文学家和数学家（占星术需要进行繁琐的计算）受到人们的尊敬。由于迦勒底人热衷占星术，久而久之，迦勒底就成了占星术的别称。

之后，迦勒底人的占星术又传入古罗马帝国及阿拉伯国家。

古希腊占星术也曾经传入印度、伊朗，进入伊斯兰文化。17世纪后随着日心说的确立和近代科学的兴起，星相学失去了科学上的支持。

哥伦布发现新大陆后，美国这个超级大国在短短两百余年崛起，它的影响力日益增大，美国的文化来自西欧，而西欧有着丰富的占星术基础，但是美国的占星术却走到了一个新的方向，在19 世纪，西洋占星术和新兴神秘学——玫瑰十字会结合，现代占星术融合科学、宗教、哲学、艺术着重道德理念，以占卜分析人的行事方法、性格特征、工作效率、天赋特长、处事动机等等，而不同于以往中国式的论命、算命。

近年来星相学又在西方开始抬头，有人还试图将近代发现的外行星引入占星术中，并试图找出行星位置和人类生活的统计关系。但目前好像还没有成功。

第二节　中国古代占星

我国的占星则与西方的占星术有很大的不同，最主要的差别在于服务对象的不同。中国占星术是一种皇家占星术。

由星官的名称可发现，天上诸星代表了以皇帝为中心的社会制度，所以基本上，天象的观测是为帝王服务而非私人性质的，人们相信"天垂象"是代表了帝王将相的变化或是天下较大规模的事件预兆，所以《周礼》曰："保章氏掌天星，以志星辰日月之变动，以观天下之迁，辨其吉凶之星土，辨九州之地，所封封域皆有分星，以观祅祥"。即代表如此的观念，因而占星大致上和一般百姓并无关联。在史书上留有一些占星的记载，例如《史记·天官书》曰："贯索，贼人之牢。牢中星实，则囚多，虚则出"。这是个有趣的记载。贯索即相当于北冕座，其中有一颗变星，古人就把其亮度当作是个征兆了。

若有不祥之兆，则有"禳星"之说。在明《皇杂录》中，有个关于一行僧和北斗七星的有趣故事。一行的恩人因杀人入狱，求救于一行。当时的一行名望甚高，但不愿干预刑罚，于是想了个办法，找了两个徒弟，教他们去一废园中躲着，如有七只小猪

《河　图》　　　　　　《洛　书》

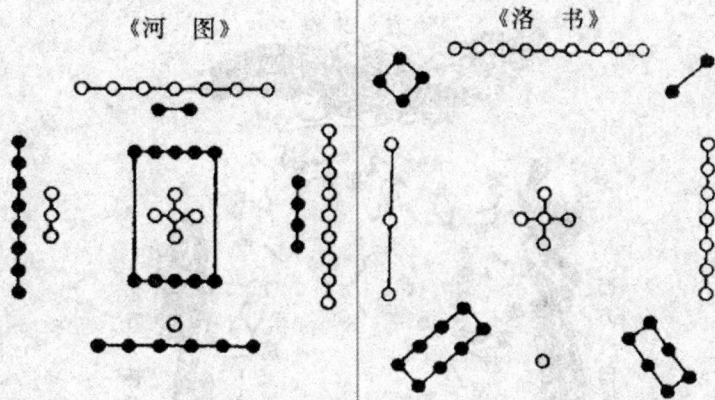

中国古书中的星象图

出现就全捉回来。徒弟们办到了。一行把七只小猪关在一只大瓮中，还贴了一些符咒。结果那天晚上，北斗七星不见了。到了第二天，皇帝急召一行入宫，问是何预兆，该怎么办。一行就说北斗七星是帝车，不见了，是老天的一大警告，最好以圣德感天，大赦天下。皇帝果真大赦天下，一行的恩人也得救了。一行把那些小猪一一放出，到了夜晚，北斗七星就一颗一颗地出现，七天后，才全回到天上。当然这种事不可能做到，不过这不是很有趣的故事吗？

占星这种学术历来为封建帝王所重视，因为当时的人相信天人合一，他们相信天上星辰的变化其实也预示着人世间的兴亡更替。经过数千年的发展，中国的古代天文观测者已经形成了一套具有浓郁中国特色，但同时又与西方的天文学存在很多共通之处的星象理论。

中国古代占星术是根据天象二十八星宿来占测和预知未来的。二十八星宿是以地球赤道延伸至天上所分布一圈的星宿来命

第五章　星座与占星

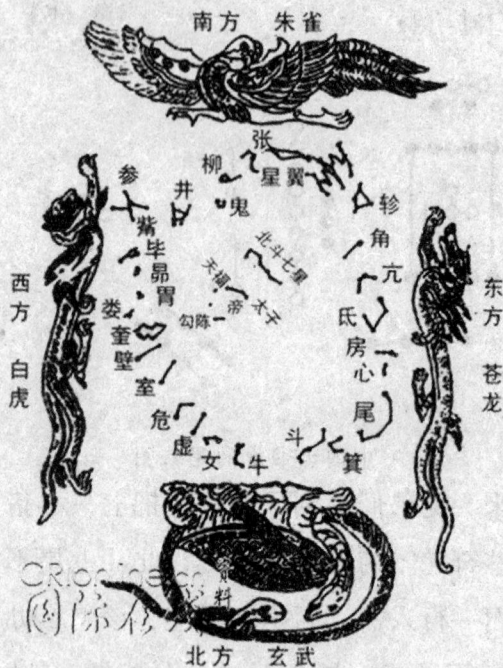

三垣四象

名的。共分四组：

东方七宿为第一组，内有角、亢、氐、房、心、尾、箕共七组星宿，一宿内有多粒星。其形如苍龙，因此又称为东方苍龙七宿。

北方七宿为第二组，内有斗、牛、女、虚、危、室、壁共七组星宿，其形似蛇如龟，因此又称为北方玄武七宿。

西方七宿为第三组，内有奎、娄、胃、昂、毕、觜、参共七组星宿，其形似虎，因此又称为西方白虎七宿。

南方七宿为第四组，内有井、鬼、柳、星、张、翼、轸（zhěn 枕）共七组星宿，其形如展翅飞翔的朱雀，因此又称为南方朱雀七宿。

在我国古代，占星更大程度上是观天象，是人们给天象附加了一层内涵，是一定程度上的一种误解。但是，这对我国天文学的发展起到了巨大的推动作用，

第三节　占星学与天文学

占星学和天文学可说是在同一片天空、以不同的看法研究宇宙。

占星术的起源很早，在人类农业时代之前，那时称游牧时代，那个时期人类多在夜晚捕获猎物，月亮的出现使得夜晚可以看清目标，人类的生存和月亮就产生了重要的关系，这就不难理解古代人为何对月亮进行祭祀。进入农业时代，太阳的作用当然超过月亮，太阳也就顺理成章的成为人类头号崇拜对象。人类根据月亮盈亏的规律制定了"太阴历"，但是太阴历不能调和一年的四季，到了农业时代已经不适用了。不过，古人的生活中，月亮盈亏不能弃之不顾，于是想出一种折中的办法，每隔两到三年插一个闰月以调节一年四季。最早采用这种历法的就是古代巴比伦，但纯粹的太阳历是起源于埃及的。

要想知道太阳和月亮的运行规律，就必须依靠天文观测，于是天文学与占星术便从此结缘了，天文学的诞生使得历法成为可能，为了能清太阳、月亮的位置，就必须找一个固定的参照物，

恒星就成了最好的选择，可是恒星亮度各不相同，分布也是杂乱无章的，为了整理方便，古人发挥了想像力，把相邻的恒星作为一组，称为"星座"。古人对星座的研究是很长的，古人的刻苦观测，终于发现了日食和月食的规律，（日食以 18 年零 18 天的循环出现）从天体运行到判断日期、季节，就逐渐弄清了雨季、大河泛滥、台风季节等呈现周期性的自然现象。这些预见自然现象就成为一种占星术，预测尼罗河泛滥就是著名的一例。

天文观测日渐发达，古人越来越了解了世界的秩序和天体运行之间的关系，公元前 3000 年左右形成了占星术的雏形，其中有七颗行星（指的是太阳、月亮、水星、金星、火星、木星、土星）最为重要。在一定时期内，占星术风靡于各个阶层。

之后，哥白尼提出了著名的"日心说"。于是，从哥白尼重新解释宇宙开始，到了 19 世纪的工业革命时代，各个学科开始分离，占星术被逐出天文学，占星术和天文学分道扬镳了。

占星术和天文学在今天已经属于两个不同的门类。但是我们却不能否认它们之间的联系。占星学必需仰赖天文的观测及计算来算出星体的位置。所以，要学会占星学，必须先了解基本的天文知识。要了解占星术，就必须了解占星是以什么样的方式与实际上的天文星体之间相互关联。

从某种意义上来说，占星学和天文学是古代人们对天空认识加深后的两种不同的分支。天文学是人们对天空星象的基于自然基础上的理性认识；占星学则是人们对星象的感性认识，其中更多地融入了宿命论的观点。